神木探偵
神宿る木の秘密
本田不二雄

まえがき

あの一本の木に逢うため。そんな旅をつづけてきた。

そのほとんどは、尋常ではない大きさや古さをとどめた木だ。そしてたいてい「おお」とか、「いやあ」とか、言葉にならない声を上げて絶句する。言葉にならないのは、そのモノを的確に言い表す語彙が見つからないためであり、そのときに抱く感情が何なのかを説明できないからである。

いうとすれば「すごい」だろうか。その意味は辞書にこう書かれている。

①ぞっとするほど恐ろしく思う。たいそう気味が悪い。②常識では考えられないほどの能力・力をもっている。並はずれている。③恐ろしいほどすぐれている。ぞっとするほどすばらしい。④程度がはなはだしい。⑤ひどくものさびしい。ぞっとするほど荒涼としている。⑥ぞっと身にしみて寒気を感じるようだ。（『大辞林 第三版』）

恐ろしく、気味が悪く、並はずれていて、すぐれていて、すばらしく、ものさびしく、ぞっとする。

それは、国学の大人・本居宣長が、かつて「カミ」についてこう述べたことと一致する。
「尋常ならずすぐれたる徳のありて、可畏き物を迦微とは云なり」

本居大人によれば、「すぐれたる」とは、尊き善きものばかりではなく、悪しき奇しきものも、世にすぐれて「可畏き（畏れ多い）」ものはすべてカミ（神）なのだという。

そんな「すぐれたる」巨樹をわれわれは神木と呼ぶ。

巨樹はすべて神木なのか、神木じゃない巨樹もあるのではないかという疑問も少なからずあったが、「すごい」巨樹の多くは神社や寺院の境内にあり、森のなかにあっても、根元に祠が祀られてあったりして、ほかとは聖別されていることが多かった。

実際に、純粋な自然林のなかでは競争原理がはたらいて際立った巨樹は育ちにくいという。つまり、神木と呼ばれる巨樹は、人とのかかわりのなかで大切にされ、残されたものなのである。

日本は木の文明だといわれる。これに対して、いやいやヨーロッパだって木材の文明だとの反論はあるようだが、「木」は「材」のみにとどまらない。日本人は木を神霊が宿るものとして崇(あが)め、しかるべき木を中心に据えて神の社を築きつつ、ときに木の祟りに畏れおののいてもきた。

その感性は、神の社のみならず、外来のホトケにおいても発揮された。

奈良の長谷(はせ)観音は「祟(たた)る木」を彫って造られたという。つまり、その霊験は祟る木の神威(ちから)によってもたらされると考えられたのだ。理屈では解釈しづらい事象だが、日本の仏像がおもに木を用いて造られ、ときにわざとノミ跡をとどめた像があったりするのは、用材となった木に宿る神性を重んじたからにほかならない。

神社という場に惹かれ、仏像のもつ何物かを探究していく旅の途中で、私の前に浮かび上がったのは、木そのものだった。神仏探偵と自称し、カミやホトケの謎や不思議を闇雲に探索していくなか、ついに〝ヌシ〟と対峙することになった、どうやらそういうことのようだ。

それが「神木」であるため、植物としての生態に迫るというよりは、その木がいかに崇め祀られたか、神木およびその場がどんな意味をもつのか、そんな内容になるのはご容赦いただきたい。

私がそこで目の当たりにしてきたのは、究極の生命であり、もっともらしくいえば、われわれの内なる霊性を揺さぶる存在としての樹木である。できれば本書を手にした方も、これらの「すごい」木と出逢い、しばし呆然とし、魂が抜けるような感覚を味わっていただきたい。

それはきっと、鮮烈でありながらもどこか懐かしい、かけがえのない体験となるだろう。

本田不二雄

目次

神木探偵 神宿る木の秘密

【第三章】こんな木を見てきた ……… 195

備考

＊本書で神木として挙げている樹木は、文化財として登録されている名称、地域で慣用されてる呼称を用い、本文、キャプションでは「」で表記した。また、樹種の一般用語として述べる場合は、カタカナで表記した(クス、スギ、スダジイなど)。

＊幹回り、樹高などの数値は、とくにことわりのないものは環境省(旧環境庁)の数値に依拠。現地案内板などに記された数値は、それがわかるように表記した。

【第一章】

いかにして神木となりしか

寄らばクスノキの陰 ―クス［楠／樟］―

宇美八幡宮のクス（福岡県宇美町）、川古の大楠（佐賀県武雄市）、寂心さんの樟（熊本市北区）、蒲生のクス（鹿児島県姶良市）

No.1

聖母はなぜこの地を選んだのか

日本にも聖母がいて、神の子を産んだとされている。

聖母の名は神功皇后、神の子とは応神天皇のことである。ちなみに、聖母は「しょうも」と読み、かつては聖母大菩薩と呼ばれ、崇められてきた。そして応神天皇は八幡大神（八幡大菩薩）として祭り上げられ、日本の守護神として崇められてきた。

ちなみに、応神天皇は「確実に実在をたしかめられる最初の天皇」（井上光貞）とも考えられている。であれば、その誕生の地はもっと特別視されてもよいのかもしれない。

その場所とは、福岡県宇美町の宇美八幡宮が鎮座するクスノキの森である。

もっとも、知られていないのは東京目線だからに過ぎず、九州の人間にとっては、出産子育て守護のお宮として有名である。「宇美」の名も、「産み」に由来するという。

神功皇后といえば、『古事記』や『日本書紀』にいう九州の熊襲征伐のために夫・仲哀天皇とともに北九州を訪れ、突然死した夫に代わって熊襲を討ち、その返す刀で朝鮮の新羅に攻め入り、朝鮮半島の過半を服属させたという〝実績〟で知られている。

さらに伝承では、皇后は出征中にみずからの懐妊を知り、腹に〝鎮め石〟を巻き付けて出産を遅らせ、この地にやってきて皇子を産んだとされている。

宇美八幡宮境内の聖母子像（写真右）と子安の石。安産祈願の妊婦が石をひとつ持ち帰り、無事出産の暁には元の石に加え、子供の名前を書いた新たな石を奉納して健やかな成長を祈願する。

「神功皇后は新羅よりお帰りのあと、香椎宮の南東に位置する蚊田の邑にて御産屋を営まれ、ここに籠もられた。そのそばに生い茂っているクスノキがあり、その木陰にて産湯を浴びられた。（今は）その木が大いに繁り、輝かしく枝葉を広げている。のちの人はこれを湯蓋の森と名付け、皇子の産衣を掛けた木を衣掛の森と呼んでいる」（江戸時代前期の『八幡本紀』貝原好古著より、現代語訳）

女帝・神功皇后が、聖なる皇子を産むために選んだとされる「蚊田の森」（宇美八幡宮の境内）には、現在、県文化財に一括指定されたクスノキ25本と、国指定の天然記念物である「湯蓋の森」と「衣掛の森」を含め、35本の大クスが生い繁っていた。

なかでも、一木にして森の名をもつふたつの大クスは、圧巻である。

まずは本社拝殿の脇にそびえる湯蓋の森。幹回り15メートルのどっしりとした主幹に、うねるように躍動する枝ぶり。見る角度によって表情のちがいがあり、何度も立ち止まりながらぐるり拝していると、宮参りを済ませた親子3代の家族に記念撮影を頼まれた。聞けば代々この木の前で写真を撮っているのだという。

もうひとつの衣掛の森は、一転、老樹の凄まじさに打たれ、立ちすくんでしまった。

その近くには湯方社（殿）という産婆の神を祀る小社があり、その脇にはおびただしい数の「子安の石（こぶし大の石）」が積まれている。皇后の〝腹鎮石〟にちなんだ安産祈願の証である。そしてそのかたわらには「産湯の水」の井戸。いずれも、衣掛の森の木陰に寄り添うように祀られている。

ふと、賑やかな声が聞こえてきた。隣接する幼稚園の園児たちの一群である。三脚を立てての撮影はしばらく中断を余儀なくされ、あいさつの声につられて笑顔でやり過ごす。

すると不意に、「皇后はなぜ出産にこの場を選んだのか」の疑問が氷解していく感覚を覚えた。寄らばクスノキの陰――クスノキの森は、もとより生命を育み、寿ぐ森だったのだ――。

宇美八幡宮のシンボル樹のひとつ「湯蓋の森」（国指定天然記念物）。幹回りは15.7メートル、樹高は20メートル。根元付近の小鳥居ごしの樹肌はどこか人面を思わせる。

何者かを思わせる樹相

私事だが、母方の祖父の名前は九州男といい、「くすお」と読んだ。九州＝クスの読みの一致はたまただったとしても、九州は事実、〝クスノキの幸う（豊かに栄える）クニ（州）〟である。

日本のクスノキの分布地図を見ると、山地をのぞく九州全域がほぼ塗りつぶされている。このほか四国沿岸部と紀伊半島、東海、伊豆半島、相模湾沿岸部、外房などにも生育しているが、沿岸部中心の比較的狭いエリアにとどまっており、樹木数全体の約8割は九州に集中している。

また、クスノキの巨樹ランキングを見ると、上位10本のうち8本が九州にあり、それらの多くは社寺の境内にある。社寺の境内だから残されたともいえるが、宇美八幡宮や太宰府天満宮の社叢（境内林）を見れば、もともとクスの森だった場所が神祀りの場に選ばれたのではないかと思えてくる。

九州はクスノキの伝説にも事欠かない。

大分県の中西部、玖珠郡玖珠町のシンボル・伐株山は、山を中腹から水平にスパッと切ったようなプリン形のシルエットが特徴である。奈良時代の『豊後国風土記』によれば、玖珠郡の地名は、かつてこの地に存在した巨大なクスノキにちなんだもので、その木陰にあって日が当たらずに困った住民がそれを伐り倒し、残った切株が伐株山であるという。

また佐賀県の県名は、かつての佐嘉郡に由来するといわれ、同じく奈良時代の『肥前国風土記』にその由緒がこう書かれている。

「古代、当郡のある村にはクスノキの大木が生い茂り、朝日の影は杵島郡蒲川山、夕日の影は養父郡草横山にまで届いた。当地を巡幸したヤマトタケルはその木の栄え繁るさまを見て、『この国は栄の国と呼ぶがよかろう』と述べ、のちに栄の字が佐嘉に転じた」（現代語訳）

「衣掛の森」正面のウロの前には鳥居が建ち、拝所となっている。

（右ページ）「衣掛の森」（国指定天然記念物）。新旧2本の大クスが合体したような樹相。目通りの幹回りは20メートル、樹高20メートルで、神社では樹齢2000年と推定している。

ここに書かれたふたつの山は特定されておらず、大クスの所在も判然としていないが、佐賀県内には先のランキングのトップ20にランクされる巨樹が3本あり、いずれも武雄市にある。そのひとつが「武雄の大楠」（ランキング5位タイ↓227ページ）だが、それを幹回りで上回るのが「川古の大楠」（同3位タイ）である。

釣り鐘形の巨大な塊に枝が生えている——それが川古の大楠の第一印象だった。幹は天高く伸びるのをやめ、どっしりと、立つというより鎮座しているような風情である。雨が激しくなり、土産物屋の庇（ひさし）のある木の東南側から大クスを拝していると、その巨大な幹は南西方向に向かって正座し、腰を浮かして前屈みになっているように見えてきた。南西側にある大きなコブは、何かの横顔のようでもある。

老樹はときに何者かを思わせる樹相をあらわすが、そこに何か意味を見出そうとするのはナンセンスだろう。ところが、日頃からその木を親しく拝している人たちにとっては必ずしもそうではない。この大クスは、盆地を潤す川古川が緩いV字カーブをなしているその内側にあって、集落の中心にそびえるシンボル樹である。推定樹齢は3000年ともいわれている。

そんな巨樹が何者かでないはずはない。

木のかたわらには観音堂があり、2メートルほどの木像らしきものが祀られていた。近くの説明書きには「幹彫（みきぼ）り観音立像」の文字。つまり、この幹の南西側の樹肌に、この観音菩薩の立像が直に彫られていたというのだ。

さらに、明治初年の廃仏毀釈の際にその面部が削り取られると、今度は顔面内部に嵌（は）め込まれていた銅造の如意輪観音坐像（像高4センチ）があらわれたという（その小像も堂内に安置されている）。その小像はおそらく発願者（ほつがんしゃ）にゆかりの深い霊像で、木の幹にあらわす仏像に魂をこめる意味合いでそこに納入されたのだろう。

幹彫り像は、奈良時代の行基菩薩によって彫られたものという。昭和の頃までは幹にその姿を

（左ページ）「川古の大楠」（国指定天然記念物）。幹回り21メートル、樹高25メートル。近年周辺が公園として整備され、樹医らの手により樹勢も回復しつつあるようだ。

（写真上）南西側から拝すると、正面に口を開けた洞があり、内部には現在、稲荷社が祀られている。

（写真右）「大楠」のかたわらに建つ観音堂に奉安された「幹彫り観音立像」（像高201センチ）。クスの幹に直接彫りこまれたもので、明治初年の廃仏毀釈で面部が削られ、昭和60年に幹から剥がれたのだという。（下）かつて観音像の顔面内部に嵌め込まれていた銅造如意輪観音像（像高4センチ）。（写真提供＝武雄市教育委員会）

とどめていたが、のち像の周辺が枯れて剝落したため、観音堂を造って納めたのだという。面部を削られ、風雨にさらされてディテールを失った木像はまことに痛々しいが、この大クスが観音信仰と結びついていたことを今に伝える貴重な証である。

造られた経緯は不明だが、信仰の文脈では、この大クスが本来もっていた神性が観音菩薩のお姿となってあらわれた――そう理解されたのだろう。歴史的には、その納入物（如意輪観音坐像）から行基の時代とは考えられないが、「川古の大楠」が古くから〝観音様の木〟だったことはまちがいない。そう思えば、腰を浮かせ、前傾するようなお姿も、参拝者に対する慈悲のあらわれのように見えてくるのである。

大クスに心を許しわが身を委ねる

とはいえ、木は神仏になぞらえられてはじめて拝まれるのではない。木そのものに宿る何ものかに感応するからこそ、人は木を拝むのである。「拝む」といえば特別な宗教的な行為のようだが、木と語らうように親しく接し、ときに木に向かって心中の願いごとを明かしたり、祈ったりすることをも含んでいる。

ただし、そんな祈願の対象となるのは、どこにでもあるような木ではない。

以前、NHKのドキュメンタリー番組で、熊本市北区に所在する「寂心さんの樟」に通うある高齢の婦人を追っていた。夫に先立たれ、子供は独立してひとり暮らし。日々の生活に大きな問題があるわけでもないが、1週間と空けずにみずからクルマを運転してこの木のたもとに通うという話だったと記憶している。

「寂心さんの樟」は、全国の巨樹の中でも一、二を争う人気である。その大きさはもとより、何より広大に広がる樹冠と全体のバランス、そして枝張りと根張りの迫力、衰えを知らぬ樹勢と、まさに非のつけどころのないお姿である。周囲が公園として整備され、邪魔になる木や建物もなく、どこからもそのお姿を拝される点もポイントが高い。

その名は、戦国時代の武将、鹿子木親員(かのこぎちかかず)の法名(ほうみょう)・寂心に由来しているという。

親員は、熊本を代表するアイコン・熊本城の原型となる隈本(くまもと)城を築き、その城主として活躍。豊後(大分県)の大友氏と結び、領主間の紛争調停に尽力する一方、社寺の造営修築の功績でも知られている。「肥後国の老者」とも讃えられたらしい。そんな親員改め寂心が葬られたのが、このクスノキの下だった。

寂心さんの遺徳がそうさせたのか、クスノキは伐られることなく守られ、やがて木は墓石を巻き込んで生長した。こうして、生育環境に加え、それに寄り添う人々の思いが相まって今日の樹相になった。そして今、多くの人たちを樹下に招き入れている。

社寺の境内ではなかったためか、この木に関しては、ご利益や霊験といった類の話はあまりないようだ。そのかわりに、「子供たちが木登りをしても怪我することがないとされ、『子供の神様』ともいわれ(た)」(ウィキペディア)という微笑ましい話が伝わっている。

何という気安さ。「伐るな」のタブーや祟りの伝承が語られがちな神木の脈絡では、例外的かもしれない。しかし、これもまた〝巨樹力〟のひとつの側面であり、巨樹のご利益である。この木であれば赦(ゆる)しをもらえる。心おきなくわが身を委ねられる――そういった形でこの木が帰依を集めているのは、先の老婦人の映像でも明らかである。

その安心感や信頼感をもたらしているのは、ひとえにこの木のもつ理想的なフォルムだろう。根は太くうねるように大地を力強くグリップし、幹は上昇する勢いに増してウイングを横へ横へと広げつづけ、樹下をまんべんなく覆っている。そのさまは、「世界樹(宇宙樹)」や「生命の樹」といった人類普遍のモチーフに通じるものだ。

だからこそ、「寄らばクスノキの陰」なのである。

(左ページ)「寂心さんの樟」(県指定天然記念物)。幹回り13.3メートル、樹高は30メートル。案内板によれば、推定樹齢は約800年、枝張りは50メートルにおよぶという。

大クスから紡ぎ出される物語

九州クスノキ旅の終着点は、鹿児島県姶良市蒲生町の「蒲生のクス」である。

九州新幹線の川内（せんだい）駅から鹿児島空港行き高速バスに乗り、蒲生支所前で下車。近くの物産館で雨宿りをしていると、古い大判の写真が目に留まった。

「大正3年1月、桜島大爆発にともなう避難民の記念写真」とあり、200人ほどの老若男女が勢ぞろいし、その斜め後ろに小山のような巨樹が写っていた。決して大クスを目指して避難してきたわけではなかっただろうが、大クスは小人のように見える避難者らを抱きかかえるようにして、保護者のごとくどんとそびえていた。

蒲生八幡神社の御神木で、地元では「おおくすどん（大楠殿）」と呼ばれている。

何しろ日本一の巨樹である。1988年の環境庁（当時）の「巨樹・巨木林調査」で、地上から1・3メートルの幹回り24・22メートルが、並みいる巨樹の中で第1位と認定された。姶良市のHPによれば、以前に施された盛り土で2メートルほど地中に埋まっているため、根回り（33・57メートル）はもっと大きいはずだという。

同社のホームページでは、こう格調高く讃えられている。

〈天より下りて、大地に目覚め、雨を喰み、陽を抱き、伸びゆくものの、深まりゆくものの、かくも悠然と屹立する大樹の鼓動。悠久の時空を超えて〉（句読点は筆者）

実際に、近づけば近づくほどその大きさを実感する。広大な根張りから隆々とせり上がるように上昇する幹は、巨大な生き物としての存在感を存分に見せつける。これと相対して、何かしら湧き上がってくるものを感じるのは自然なことだろう。

言葉にならない声を上げる人、訳もなく涙を浮かべる人、しばらく足が止まってしまう

（右ページ）「寂心さんのクス」の根元。クスの根に抱かれるように石碑（墓石）や石の祠が祀られ、参拝ポイントとなっている（上）。広大な樹下の空間を生む樹冠（下）。
（左）大正3年（1914）の桜島大噴火の被災により、当時の姶良村に集団避難した人々の記念写真。背後に彼らを抱くようにそびえる大クスが見える。（写真提供＝姶良市教育委員会）

人。地元姶良市のCM動画では、「杖を忘れるほど、元気がもらえます」と謳っている。

そんな「尋常ならざるもの」であれば、物語が生まれるのも道理である。

地元の伝説をもとにした『おおくすと大蛇』という童話はこう伝えている。

＊

いつのころからか、この大クスに穴が開き、そこから生温かい風が吹くようになった。「近ごろ大クスどんは元気がないようだ」と村人も心配していた。

そんなある日照りの年、ある娘が和紙づくりのためのカジの皮を水にさらそうと、決して干上がることのないという川の渕に向かい、そのまま姿を消した。村人が心配そうに渕を見つめるなか、ひとりの若者が刀を口に咥えて渕に飛び込んだ。渕の底には穴があり、その穴の先に大蛇がいた。若者は大蛇の口に飛び込み、その腹のなかで娘を発見。若者は力を込め、大蛇の腹を斬り裂くと、雷のような光と地鳴りとともに大蛇は消えてしまった。

まもなく、大クスの根元でぽつんと立っている娘が発見された。大クスはそののち元気を取り戻し、青々とした葉を繁らせた。（著者抄訳）

＊

この話のキモは、大クスの幹に開いたウロ（空洞）に荒ぶる大蛇が住んでおり、そのウロの先が離れた場所の川渕の底とつながっていた、という点にある。

クスノキの巨樹に蛇が住みつく話は珍しくないが、その蛇が水をつかさどる龍神（龍蛇神）と結びつき、モンスターとして描かれているのは興味深い。それこそ「尋常ならざる」大クスのスケール感に見合うものだったのだろうが、深読みすれば、大蛇は村人の生殺与奪を握っていた古い神の化身だったとも考えられる。

しかし、大蛇は突如あらわれたひとりの若者によって退治される。若者の素性は明かされていないが、おそらく蒲生八幡神社に祀られた八幡神（若宮）を暗示しているのだろう。当社の由緒

西側から見た「蒲生のクス」。ぐるりと拝見できるよう回廊が設えられている。樹肌には無数のコブや襞が刻まれ、生き物のような風合いを見せ、幹の北半分にはびっしりと苔をまとわせている。

をひもとけば、保安（ほうあん）4年（１１２３）、この地に領主として入った大隅蒲生氏初代舜清（ちかきよ）が豊前国（ぶぜんのくに）（大分県）宇佐八幡宮を勧請し、正（しょう）八幡若宮として創建されたとあり、そのときすでに、「蒲生のクス」は神木として祀られていたという。つまり右の伝説は、古い神を新しい神が超克（ちょうこく）していく物語だったとも考えられるのである。

ともあれ、大クスには主のいなくなったウロが残された。

面白いことに、幹の南西側に木製のドアが設えられている。それは文字どおりの出入り口で、入ると畳8畳分の空間が広がっているという。入った人によれば、内部は十数人は入れるほどのスペースがあり、角材が井桁（いげた）状に積み上げられ補強されているらしい。また〝天井〟は高く、煙突状になっており、梯子で上ることもでき、その上部には小さな窓のような開口部があるという（参考『楠』矢野憲一（やのけんいち）・矢野高陽（こうよう）著）。

クスノキの巨樹の多くは同様の空洞ができる。生長にかかわる役割を終えた木芯部分が何らかのきっかけで腐朽し、空洞ができるのは避けられない。それでも残った木質部分で生命を維持し、末広がりの樹形とたくましい根でその巨体を支えている。

また九州は場所柄、台風の直撃を受け、枝葉が吹きちぎられることも多いという。確かに「寂心さんのクス」に比べると枝葉はか細いが、それはみずから枝を落として抵抗を少なくし、主幹が生き残るために自衛した結果ともいわれる（前掲書参考）。

こうして、日本一の巨樹は１５００年ともいわれる長きにわたり、命脈を保ってきた。そのさまはあたかも、生ける家のごときである。宿主は不在のようだが、大クスの樹霊は母親のような包容力で人々を招き寄せ、その心を動かしつづけているのである。

（次ページ）蒲生八幡神社と「蒲生のクス」（国指定特別天然記念物）。社殿の西脇にそびえる大クスは、幹回り24.2メートル、樹高は約30メートル、根回りは33.5メートル。「その壮観な様は、まるで怪鳥が空から降り立ちたったようである」（神社HP）。推定樹齢は約1600年（同HP）。

蒲生のクス
昭和二十七年三月二十九日 指定

「上谷の大クス」（県指定天然記念物）の全景。西日本の温暖な気候に適したクスノキが、関東の山間部に、幹回り15メートル、樹高30メートルにまで生長するのは奇跡的なことだったかもしれない。ウッドデッキが一段低くなったところに神棚が祀られていた。ここで代を重ねてきた一族の守り神だったのだろう。

参詣道のランドマーク

上谷（かみやつ）の大クス（埼玉県越生町（おごせまち））

梅の名所・越生から、山ひとつ越えた先の古刹・慈光寺（じこうじ）（ときがわ町（まち））に通じる古い巡礼道があり、その峠越えの道を歩くと、やがて急勾配となり、最奥の集落に行き当たる。

見上げると、斜面の上に一本の巨木が掌を広げるようにそびえていた。その幹は根元近くでふたつに分かれ（または2本が合体し）、両者から分岐した枝が大木のように伸びて広大な樹冠を形成している。大クスの脇に今もお住まいで、江戸時代に武蔵・松山城下（現・吉見町（よしみまち））からこの地に入った一族の9代目にあたる町田さんによれば、入植当時すでに大クスはあり、地域の名木を代表する「慈光七木」の一本に数えられていたという。

かつての慈光寺詣での人もこの木の下で憩い、眼下の景観を眺めたことだろう。峠のランドマークは、ますますご健勝である。

(左ページ) ウッドデッキはやや無粋だが、おかげで大クスと存分に対面できる。関東一と目される巨樹を見に訪れた人々は、みな一様に無防備に木を見上げ、感嘆の声を上げていく。

No.2

南西側から拝した「明神の楠」。青面金剛といえば、江戸時代に民間で流行した庚申（こうしん）信仰の主尊だが、社前という場所柄、魔除けのような意味合いを彷彿させている。

「明神の楠」を背にして拝する五社神社。その境内にも神木のクスノキ（幹回り8.2メートル、樹高36メートル）や、大イチョウ（幹回り8.8メートル、樹高25メートル）がそびえている。

歴史の一場面とともにある神楠

明神（みょうじん）の楠（神奈川県湯河原町（ゆがわらまち））

際立った印象を与える神木は、それだけで神社の由緒に思いを馳せることができる。湯河原の五所（ごしょ）神社が歴史上に浮上してくるのは平安時代の後半のこと。当社の社家・荒井刑部実継が神霊の加護を受けて軍功を挙げ、のちこの地を領した土肥実平（どいさねひら）は、源頼朝のもとに参じ、挙兵の際は当社の社前で盛大な戦勝祈願の護摩を焚いたと伝わっている。

その社前に、（実平らの時代と重なる）樹齢800年以上といわれる大クスがある。すでに主幹の上部を失い、木芯部は空洞をなしているが、そこには夜叉（青面金剛（しょうめんこんごう））の石像が納められ、赤い小鳥居が添えられていた。信仰の脈絡は不明だが、その風合いと相まって神木としての存在を誇示しているかのようだ。

（左ページ）案内板には「根回り15.6メートル」とある。一般的な幹回りの表示ではないのは、根元部分が極端に肥大化しており、目通りの幹回りではその迫力が伝えきれないためだろうか。

クスノキ
くすのき
根回り15.6M
樹令 800年以上
湯河原町指定文化財
史跡 明

「生木の地蔵さん」。像高約1・5メートル。切れ長の目と大きな耳が特徴。放っておくと樹皮が洞をふさごうとするため、定期的に縁部分を削って〝窓〟を確保する必要がある。

地蔵尊とともに生きる墓場の大クス

生木（いきき）の地蔵クス（香川県観音寺市）

おびただしい数の墓石を樹下に抱く一本の大クスがある。木に接続して建つお堂に入ると、正面のガラス壁の丸穴ごしにクスの樹肌が見え、穿（うが）たれた洞（ウロ）のなかに「生木の地蔵さん」が納まっている。その名の通り、生きた木に彫られた（彫り抜かれた）像で、足許は本体の木と一体化しているという。つまり、木とともに生きている地蔵尊なのである。

発願・造像した森安利左衛門（もりやすりざえもん）は、一人娘の病気平癒を祈願して八十八箇所霊場を巡礼の折、伊予の正善寺（しょうぜんじ）・生木地蔵（のちに枯死）に心を打たれ、それに倣って造立したという。墓場の大クスは、もともと地中から霊魂を吸い、伐れば血の出る霊木として崇められており、そこにあらわれた地蔵尊ゆえ、延命のご利益をもたらすホトケとして信仰されているのだ。

No.4

(上)墓場に立つ「生木の地蔵クス」。幹回り7.85メートル、樹高26メートル、枝張りは南北45.5メートルにおよび、傘のように墓所全体を覆っている。
(左)大クスを背負うように建つ「生木地蔵堂」。神社ふうにいえば、大クスの本殿とそれに接続する幣殿と拝殿(お堂)からなる。毎月の縁日には法要が営まれており、観音寺市内外から参詣者が訪れる。

斜面の上から集落を見下ろすようにそびえる「打越の天神樟」。木の脇の上り口を上がると参拝所があらわれ、そこには注連縄が張られ、神祀りの場としてきちんと整えられている。

神木信仰のもっとも純粋な景観

打越（うちごし）の天神樟（熊本県宇土（うと）市）

熊本県には信仰の対象となる巨樹を「天神さん」と呼び、祀る風習があることを神木巡礼のさなかに気づいた。クスノキの場合が多いが、ほかの樹種もある。なぜそれが「天神」なのかはよくわからないが、特徴として言えるのは、「天神さん」の多くが木のたもとにお社や祠などが置かれておらず、純粋に木そのものを拝む仕様となっていることだ。これは、神木祭祀のもっともシンプルで古い形をとどめるものかもしれない。

「打越の天神樟」はその典型である。実はこれより有名なクスノキ（栗崎の天神樟）が宇土市の同じ町内にあり、そのつもりで詣で、あとで誤りに気づいて愕然としたのだが、写真を見直しながら思いを改めた。これほど神木の信仰を純粋にあらわす景観はないのではないか。

No.5

(上)石の瑞垣が巡らされ、一対の石灯籠が設置されている「打越の天神樟」。ぽっかりと空いた洞(ウロ)を神座に見立てて祀られているのがわかる。
(左)集落のある坂道を上っていくと、その突きあたりで「天神楠」と鉢合わせする。諸手を挙げて迫ってくるような印象である。

(右)「天神樟」を祀る神域。上本庄地区の氏神として地元の方たちから篤く祀られており、11月25日の例祭は地区総出で行われる。
(下)拝殿から拝見する「天神樟」は、ほぼ間口いっぱいにそそり立っている。

一木にして鎮守の森をなす「天神さん」

郡浦(こうのうら)の天神樟(熊本県宇城(うき)市)

「打越の天神樟」から宇土半島を西へ向かう。旧三角町の集落の奥に入り、深い切り通しの“参道”を進んだ先に、もうひとつの「天神さん」があった。神域には石垣が築かれ、立派な拝殿も設えられているが、その先にある“本殿”はクスノキの巨樹である。

県の資料には「明治25年頃、大宰府天満宮から旗が贈られ、学問の神様としての信仰が続いている」とあり、大宰府の祭神・菅原道真公とのかかわりが語られるが、それ以前から、大クスを御神体とする地区の氏神であり、一木にして鎮守の森をなす「天神さん」だったのだろう。老クスにありがちな主幹の空洞は畳6畳分もあり、火災や台風でたびたび損傷してきたというが、そのつど樹勢を回復させ、今も雄偉なお姿を見せてくれている。

(左ページ)「郡浦の天神樟」(県指定天然記念物)。主幹はとうに失われ、平成3年の台風でいちばん大きな枝が折れたが、幹回り14.4メートルは熊本県下一の大きさを誇る。樹高23メートルで、根回りは30.5メートルにおよぶ。

No.6

神木スギのミステリー ――スギ［杉］――

三峯神社の神木（埼玉県秩父市）、高千穂神社の秩父杉（宮崎県高千穂町）、霧島神宮の御神木（鹿児島県霧島市）ほか

No.7

「氣守」の人気と神木の信仰

標高約1100メートルの山中に坐す奥秩父・三峯神社の神域は、やはり格別の趣だった。大岩壁にせり出したテラス状の奥宮遥拝殿で、息を呑む絶景とともに妙法ヶ岳（奥宮）を仰ぎ見る。ついで「三峯山」の金文字が掲げられた随身門をくぐり、やや下り勾配のヒノキの杜を進むと、いよいよご社殿である。

急な石段を上るにつれその姿をあらわすお社は、まさに目を見張らせるものだった。金色が効果的に配されたその極彩色の装飾にしばし目を奪われていると、ほどなく社殿の両脇にずどんとそびえる巨木の存在に気づかされる。

「神木」の案内板にはこう書かれていた。

「神木より発する『氣』は活力そのものです」「お参りののち、3度深呼吸して神木に手を付けて祈って下さい」

参詣者らはそのスギの御神木に列をなし、書かれたとおりに両手をあてて祈っている。三峯ではこれが定番の参拝風景なのだろう。無事〝パワーチャージ〟を終えたひとりは、「まるで（植物というより）生き物に触ったみたい」という驚きの声を上げていた。

筆者が詣でたのは、12月の平日。この冷え込む時期、秩父駅からクルマで1時間以上を要する

（写真2点）三峯神社の拝殿の手前、左右一対にそびえるスギの神木。手で触れられるよう木道が設えられており、参詣者が列をなしている。

三峯宮内陣
開講参百参拾年記念
昭和六十二年五月十一日
東京丸丸講

奥秩父の山中にこれだけの参詣者がいたことに驚いたが、つい最近まで、毎月1日限定で頒布されていた「白い氣守」を求め、この山中に参詣者が殺到していたらしい。

「していた」というのは、筆者の参詣ののち、2018年6月1日以降、「白い氣守」の頒布をしばらく休止するとの発表がなされたためだ。理由は、あまりの人気で周辺道路の大渋滞を回避できないと判断されたためだという（ほかの色の「氣守」は通常どおり頒布されている）。

その爆発的人気の理由は、ある有名人が持っていた（とされる）ことに加え、「ついたち（朔日）限定」のプレミアム感にあったといわれる。

しかし、それだけだっただろうか。そのベースには、江戸時代よりつづく三峯の霊験信仰と、古くから伝わる「ついたち参り」の伝統風習があったのはまちがいない。もっといえば、三峯神社のご利益への期待が伏流水のように潜在し、そこに効果的なボーリングがなされた結果、近年の人気噴出となってあらわれたとみるべきだろう。

ただし、もうひとつ重要な要素があった。「氣守」の〝中身〟である。

神社の説明によれば、「三峯神社は、奥秩父に鎮座し、境内は古木に囲まれ、霊気・神気に満ち溢れて」おり、「この『気』を多くの皆様にお分けするべく、神木を納めたお守りを頒布」したのだという。つまり氣守の人気のポイントは、当社境内に満ちる神気の依り代（よりしろ）である神木の一部が、分霊（わけみたま）として封入されている点にあったのである。

氣守の人気は、いわば神木の信仰に支えられたものだったのだ。

*

神木とは何だろうか。あらためて考えてみる。

ひと言でいえば、「神聖視される樹木」である。一般のイメージとしては、神社の境内にある注連縄（しめなわ）が巻かれた木を指し、その多くは巨樹や老樹であることから、境内で樹齢を重ねたことで、尊ばれている木という理解だろう。

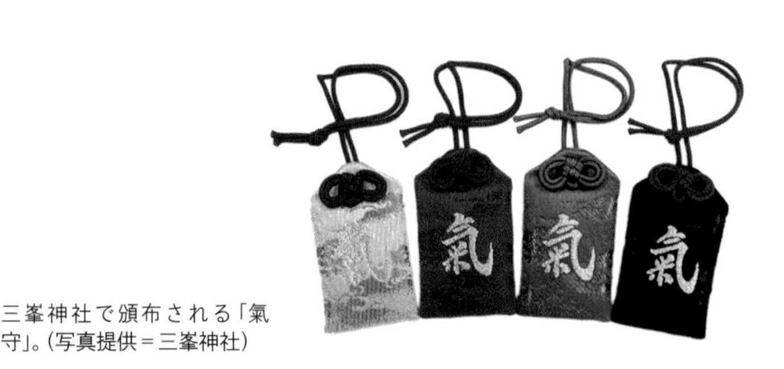

三峯神社で頒布される「氣守」。（写真提供＝三峯神社）

このほか、神域の入口に立つ結界としての神木や、伝説的な謂(いわ)れや、特別な人物が手植えしたといった縁で神聖視されている神木、二股の夫婦木(めおとぎ)など、特別な形状によって神木扱いになっている木をイメージする向きもあるかもしれない。

どれもまちがいではない。ためしにウィキペディアの「神木」を参照すると、最初に「神木とは、古神道における神籬(ヒモロギ)としての木や森をさし、神体のこと」と書かれている。

ヒモロギという言葉は本書でもあちこちで使っているが、もとは「霊(ヒ)が籠もる木」のことで、「臨時に神を迎えるための依り代となるもの」を意味している。ここでいうヒモロギとは、地鎮祭などの野外で行われる神事のさい、祭場の中心に立てられるサカキなどの常緑樹をイメージしておけばまちがいないだろう。つまり神木とは、もともと「まつりごと」の基となる、神霊を依り憑かせる御神体そのものであったのだ。

ちなみに、『民俗学辞典』(柳田國男(やなぎたくにお)監修)には「現在では祭が社殿の内でおこなわれるようになったため神木の意義が不明瞭になっている」としたうえで、「本来の神社が聖地(の場)ないしは樹林であったことが認められる。そして往々にして一本の雄大な樹木を神体として、社殿を用いずその木に対して祭をする例がある」と書かれている(カッコ内は筆者補足)。

もとより、特別な謂れをもつ木や目立つ巨樹に神霊が降臨するというのは、日本人の古くからの〝常識〟である。つまりこういうことだ。

御神木はたまたま神社の境内にあるのではない。むしろ神木あってこその神社であり、その存在が神社であることの証となっている——実際にそう思わせる事例は多く、古い由緒をもつ神社ほどそれがあてはまる場合が多いように思えるのだ。

三峯神社の神木の目通り付近の樹肌。人の手に触られ、光沢している。神木に触れる行為に対する是非は、神社ごとの考え方により二分している。

明らかになった九州の神木ネットワーク

「こんな面白い記事があるよ」と、懇意にしているある神社の宮司から教えていただいた。熊本県の広報誌に掲載されていた、熊本県林業研究・研修センターの家入龍二氏によるコラムの切り抜きだった。「森林物語」と題するその記事は、冒頭の「樹そのものを神としていたか、神を宿らせるために御神木として木を植えたかは定かではありませんが……」という文言につづき、こんな驚くべき内容が書かれていた。

「熊本におけるそれらの代表選手に『メアサ』というスギのさし木品種があります。とても長生きのスギで、樹齢８００年を越えるような古木が大分県、宮崎県、鹿児島県そして熊本県の多くの神社にあります。

それらの老大樹を中心に、4県に分布する21か所、43本のメアサのDNA鑑定を行ったところ、20か所（41本）が同じクローンであることがわかりました。つまり、メアサはある一本の樹から、さし木（おそらく）で増やされた遺伝子が全く同じ〝分身〟の集団だったのです」

くり返しになるが、中九州から南九州4県にまたがる広大なエリアで、神社の御神木となっているスギ43本をDNA鑑定したところ、実にその95パーセントが1本の木に由来するクローンだったというのだ。これをどのように理解したらよいのか。

家入氏によると、メアサは九州地方におけるスギの在来品種で、もっとも古くから枝葉を折って直（じか）にさし木する方法で植栽されてきたという。それらは地域によってサツマメアサやヒゴメアサ、アオスギなどと呼ばれ、その老齢木が社寺に残されているが、先行する研究によって、それらは数少ない天然スギから母株が選ばれ、分布範囲を広げていったのではないかと推定されてきた。

そこで家入氏は、近年手法が確立された「DNA分析」によってそのことを確認しようと試みた。とはいえ当初の予想としては「遺伝子レベルで完全に一致する可能性は半々」だったという。それも無理はない。800年をさかのぼる時代、山々で隔絶された広域の国々をまたぎ、情報伝達や交通の手段も乏しいなか、たった1本の母株から神木のネットワークが形成されていたなどということがありうるだろうか。

しかし結果は右のとおりだった。以下その詳細である。

「それら分身がある場所は、熊本県小国町の阿弥陀杉、高森町草部吉見神社、水上村市房神社、天草市枦宇土、大分県院内町藤群神社、中津江村（現・日田市）宮園神社、宮崎県高千穂町天岩戸神社、同町高千穂神社、高原町狭野神社、椎葉村鶴富屋敷、鹿児島県隼人町（現・霧島市）鹿児島神宮、霧島町（現・霧島市）霧島神宮などです」（「森林物語」、カッコ内は著者補足）

このうち、推定樹齢が800年かそれ以上と伝わるのは、阿弥陀杉、草部吉見神社の御神木、市房神社参道の杉、高千穂神社の秩父杉、霧島神宮の御神木である。筆者は今回、阿弥陀杉を取材しており（→64ページ）、草部吉見神社以下3社の神木も以前取材で拝見し、強く印象に残っていたので、それらが同一の母樹でつながっていたという事実に驚くほかなかった。

気になるのは、誰がどんな目的で植樹したのか、神木のネットワークともいうべきコンセプトがそこに存在していたかどうかである。家入氏はいう。

「なぜメアサだったかについては、考えられる理由はふたつあって、ひとつは、メアサがほかのスギに比べて非常に寿命が長いということ。もうひとつは、何らかの理由でそれが崇高な木だと考えられていたということです」

ちなみに、メアサ杉は、鮮やかな赤の心材をあらわし、樹齢を重ねるときれいな模様をあらわす銘木として知られている。「大昔の先達たちはそれを知っていた」（家入氏）と考えられ、実際に広く植栽もされたらしいが、伐採を目的としない神木として奉納されたものであれば、「崇高

スギの高木が立ち並ぶ高千穂神社の境内。古代の正史にも記された「高智保皇神（たかちほすめがみ）」を祀ったとされる古社で、天孫降臨神話の由緒地に鎮座する高千穂郷総鎮守である。

な」木として聖別されるだけの理由があったと考えるべきだろう。

では、その担い手となったのは誰だったのか。

その史料がないため解明しようもない謎のように思えるが、「800年以上前に、誰かがある思い（強い意志）をもって、メアサを増やし、九州脊梁山脈を中心とする神社等に広めた」（「森林物語」）ことはまちがいないだろう。

畠山重忠による「秩父杉」の奉納植樹

直接の記録ではないが、神木の由緒にかかわる史料はひとつだけ残されていた。高千穂神社（宮崎県高千穂町）の「秩父杉」に関連するものだ。

高千穂神社は、九州山地の山あいの盆地に位置し、記紀神話にいう天孫降臨（アマテラス大神の孫・ニニギら一行の高天原からの天降り）の多彩な伝承を伝える神話の里の総社である。境内は鬱蒼とした木々に包まれ、昼なお暗い神域をなしているが、その中心軸のごとくそびえているのが神木・秩父杉である。

秩父杉の名は、当社の古文書に残されたこんな文言に由来する。

「文治四年（1188）壬四月天下より御名代ちちふ様十社大明神（高千穂神社）に参詣」

「ちちふ様」とは、秩父庄司重忠こと畠山重忠のこと。この年、重忠が源平の合戦（治承・寿永の乱）に勝利した源氏の棟梁・源頼朝の名代で当社に参詣していたという記録である。このとき重忠はスギを手植えしたといわれ、それが秩父杉の名で伝わっている。

「当社の社宝に、鎌倉時代の鉄造狛犬（国指定重文）がありますが、これも当時、武蔵国の鋳造技能者を束ねる立場にあった重忠公の奉納だったと思われます」（後藤俊彦宮司）

1188年といえば、源頼朝にとって守護・地頭の任命を許可する勅許（1185年）が下され

畠山重忠像。一ノ谷の合戦にて馬を背負って坂を駆け下ったという『源平盛衰記』に記された有名な場面（畠山重忠公史跡公園）。

（右ページ）高千穂神社の社殿向かいにそそり立つ「秩父杉」。幹回り7.2メートル（「みやざきの巨樹百選」より）に対して、樹高は55メートルとひときわ高い。案内板による推定樹齢は800年。

てはいたものの、征夷大将軍に任命される前というタイミングだ。のち、鎌倉幕府はかつて平氏が勢力を伸ばした九州に多くの御家人（ごけにん）を送り込んで支配にあたらせたが、この重忠の九州派遣はその先駆けとなるもので、多分に視察の意味合いもあっただろう。

ただし、重忠の九州での足跡は、筆者の知るかぎり高千穂神社参詣しか残っていない。当時、重忠は鎌倉周辺で多忙を極めていたはずで、長期間九州に滞在していたとも考えづらい。とすれば、社伝が示唆する「天下泰平の祈願」のため、あえて当社に参拝したのだとも考えられる。その祈願の証として植えられたのが秩父杉だったのである。

一説には、「秩父」の名を冠していることからか、神木の若木も秩父からもたらされたといわれているが、後藤宮司はその意見には首を横に振る。

「（九州では）実生（みしょう）ではなく、さし木ですから。おそらく重忠公は、境内にあった杉の枝を手折（たお）って植えられたのでしょう。神域に木を植えるのは、その土地に敬意を払って行われるべきこと。それが当時の慣例だったのではないかと思います」

神木を通じてつながる神縁

一方、神木メアサの起源をめぐる家入氏との電話取材のなかでこんな話になった。

「秩父にスギの老樹があれば、一度調査をしてみたいと思っているんです」

「そういえば以前、奥秩父の三峯神社にある神木のスギを取材してきましたよ」

そんな会話のあと、何気なく三峯神社の神木についてネットで検索していたとき、こんな文章が目に入ってきた。「三峯の神木は別名『重忠杉』と呼ばれ、畠山重忠公が寄進したと伝わっており、樹齢は８００年と推定されている」。

なんということだろう。筆者は当社を取材し、雑誌の記事でその神木についても書いていたに

（左ページ）草部吉見神社（熊本県高森町）の御神木。幹回り7.7メートル、樹高は45メートル。800年かそれ以上と伝わる樹齢の九州の神木メアサのひとつ。当社の祭神・日子八井命（ひこやいのみこと）は神武天皇の御子で、高千穂からこの地に入り宮居を定めたと伝わる。

もかかわらず、「重忠杉」という名称についてはノーマークだったのである。

急ぎ調べてみると、昭和13年（1938）に出版された『神社詣で』（埼玉県観光叢書 第1輯）の「縣社 三峯神社」の項にこんな記述があった。

「第81代安徳天皇の養和元年（1181）、秩父庄司・畠山重忠は祈願の筋あり、願文を納めて（今は社宝として秘蔵）切に神助を祈るの間、霊験あらたかに顕れしかば、重忠、感激恐懼措くところを知らず、建久6年（1195）、東は薄郷（現・小鹿野町両神あたり）より西は甲斐の隔山（甲斐国と同地を隔てる山）を界し、方面十里の地を寄進し、守護不入の地とす。これより東国武士の信仰益々篤く一山隆昌を極むといふ」（西暦ほか筆者補足）

先の高千穂神社の記録と合わせ、時系列で並べてみよう。

養和元年（1181）、重忠が三峯神社に祈願。

文治4年（1188）、重忠が高千穂神社に参詣。

建久6年（1195）、重忠が報賽（祈願が成就した御礼）のため三峯神社に土地を寄進。

これだけの事実だが、あえて神縁という脈絡でつなげれば、重忠が三峯神社で行った祈願が高千穂神社の参詣へとつながり、それら祈願成就の御礼として三峯に土地を寄進したという流れになるのではないか。ここでいう神縁の証となったと思われるのが、くだんの手植え（奉納）された神木スギである。

ちなみに、養和元年と文治4年とでは、重忠の立場は異なり、祈願の内容もちがっていただろう。歴史を詳述する紙幅はないが、前者の時点では、この前年に秩父平氏（平家方）の一族でありながら、源頼朝のもとに参じ、頼朝の御家人となったばかり。後者は、壇ノ浦の戦い（1185）を経て、頼朝の側近として重きをなしていった時期にあたる。さらにその翌年（1189）、重忠は奥州合戦で先陣をつとめ、奥州藤原氏を滅ぼしている。

この間、重忠は、その清廉潔白な人格と武勇の実績により「坂東武士の鑑」としての名声を確

(右ページ)草部吉見神社の御神木。スギの巨木が林立する境内でひときわ存在感を放っている。

立していった。だが、養和元年の時点では、まだ運命がどう転ぶかの見通しは不透明だっただろう。それだけに、当時の祈願はより切実なものだったにちがいない。

そのときに神木スギを植えたとすれば、どんな意味合いからだっただろうか。

京都・伏見稲荷大社に伝わる「験(しるし)の杉」という一種の願掛け信仰がある。「参詣者が境内の杉の枝を折って帰り、久しく枯れなければ願いが成就する」というものである。

その考え方は、重忠の植樹にも共通するものだっただろう。祈願者にとってそれは、祈りを祭神に届ける献げ物であるとともに、神意を占い、神助の「しるし」を乞(こ)い願うものだったのではないだろうか。

畠山重忠の植樹が意味するもの

気になるのは、三峯神社のスギと高千穂神社のスギが同一のものだったかどうかだが、それはＤＮＡ鑑定を行ってみなければ何ともいえない。仮に同一だったとすれば、九州の神木スギのルーツが秩父だった可能性も浮上する。また、三峯神社の植樹のタイミングが建久６年（１１９５）だったとすれば、その逆もありうる。

ただ、考えを重ねていくうちに、筆者はＤＮＡの一致不一致はともかく、高千穂における畠山重忠の植樹がもつ意味は大きかったのではないかと思うようになった。

その鍵となるのが、高千穂神社の文書に見える「天下より御名代ちちぶ様」という文言である。天下とは「普天（大地をあまねくおおう天）の下」つまり全世界のことをいう。この言葉はすでにわが国では古墳時代から用いられており、大王(おおきみ)をトップに戴(いただ)く領域のこととして認識されていたようだが、平安時代になり、その概念は希薄になっていたらしい。

ところが、鎌倉時代にこの言葉が復活する。

三峯神社の社前より。「重忠杉」と呼ばれる一対のスギの巨樹。

(左ページ)熊本県と宮崎県の境にそびえる市房山の西麓、4合目付近に鎮座する市房神社の参道にそびえるスギの巨樹。約50本ほどのスギのなかには、幹回り10メートル、高さ50メートルに達し、樹齢約1000年とも伝わる大木もある。

鎌倉幕府の成立は「天下の草創」といわれ、それ以来、「天下イコール日本」の意味で用いられるようになったといわれる。その新たな首領たる源頼朝の特使来訪は、従来平家の影響力が強かった九州だけに、大きなインパクトをもつものだっただろう。しかも、その目的地が高千穂神社だったことが重要である。天孫降臨の由緒地で、アマテラス直系のニニギ・ヒコホホデミ・ウガヤフキアエズの三代神とその配偶神（高千穂皇神）を祀る当社の参詣は、いわば天下統一の示威行為として受け止められてもおかしくない。

あらためて先の800年スギが伝わる神社を確認してみると、霧島神宮と市房神社の祭神はともにホデミとニニギおよびその妃神、草部吉見神社の祭神は、高千穂からこの地にやってきたと伝えるの日子八井命（神武天皇の第一皇子）。とくに宮崎・鹿児島の場合、先に列挙したほかの神社も天孫系の祭神を祀る神社がほとんどである。

ちなみに、霧島神宮は、高千穂神社と並ぶ天孫降臨神話ゆかりの神社である。

その境内に立つ神木は、とくに霧島スギ（霧島メアサ）と呼ばれ、南九州一帯の杉の祖にあたるといわれる。興味深いのは、鎌倉時代にこの地を領有したのが畠山重忠と同じ御家人の島津忠久（島津氏の祖）で、両者の親交は深く、忠久は重忠の娘を娶り、重忠は忠久の後見人をつとめていたということである。であれば、忠久があらたな領地の鎮護を祈念し、重忠の事跡にならってスギを植樹したということは考えられないだろうか。

もうひとつ注目すべきは、霧島神宮が現在地に社殿を造営したのが神木の植樹より後と考えられる点である。当宮は神体山と仰ぐ霧島山（霧島連山とも、主峰は高千穂峰）の麓にあったが、噴火の影響で相次いで火災に見舞われ、文明16年（1484）に遷座・再建されている。

つまり霧島神宮は、神木が祀られていた場所に祀り直されたのである。

さて、先述した「森林物語」のくだりで、九州の神木ネットワークについては「解明しようもない謎」と書いたが、うっすらとその有り様が見えてきた気がする。

(左ページ) 霧島神宮の御神木。幹回り7.0メートル、樹高33メートル。案内板によると推定樹齢は800年。霧島スギと呼ばれ、南九州一帯の杉の祖にあたるともいわれる。近年、枝の先に「装束を着けた人が参拝している様に見える」として話題に。

御神木
樹種　杉
樹齢　約八
樹高　三十
幹囲　七・三m（胸高）
この御神木は霧島スギとも呼ば
南九州一番の杉の祖にあたる

それは必ずしも、畠山重忠による九州支配のための深謀遠慮といった類のものではなかったかもしれない。
むしろ、「天下」の権威を背景に植樹されたヒモロギの枝を、九州各地の修験者や神人（社家に仕えた神職）がこぞって手折り持ち帰り、各自ゆかりの地に植えていったのではないか。とりあえずのところ筆者はそんな状況を思い描いている。

御神木に救われる

本項の結論のかわりに、高千穂神社・後藤俊彦宮司のこんな話を紹介したい。
「私は2度、秩父杉に救われたのです」
宮司はそういっておもむろに語りだした。

＊

20年ほど前のことですが、神社の近くに道路が建設されるという話が持ち上がりました。そのルートは、神社がもっとも大切にすべき鎮守の森を横切るというもので、私には経済効果のみを追求するまったく安易な計画にしか見えず、神社の宮司としては到底容認できないものでした。
しかし、反対の意思表示をすることで、役場や氏子である地元の業者などと対立し、周囲からまったく孤立してしまったんです。そのときは、もう宮司なんてやめてしまおうかとまで思い詰めていました。
そんな折、京都の南座でたまたま歌舞伎を観る機会があったんです。それも、たまたま「秩父（畠山）重忠」が出てくる演し物（「景清」いわゆる歌舞伎十八番）でした。
出張から帰った翌朝、いつものように自宅から境内に昇って秩父杉を拝すると、朝日がパーッ

郵便はがき

料金受取人払郵便

上野局承認

9150

差出有効期間
2025年3月
31日まで

110-8790

190

東京都台東区台東 1-7-1 邦洋秋葉原ビル2F
駒草出版 株式会社ダンク 行

ペンネーム

□男 □女 (　　　)歳

メールアドレス (※1)　新刊情報などのDMを □送って欲しい □いらない

お住いの地域

都道
府県　　　市区郡

ご職業

※1 DMの送信以外で使用することはありません。
※2 この愛読者カードにお寄せいただいた、ご感想、ご意見については、個人を特定できない形にて広告、ホームページ、ご案内資料等にて紹介させていただく場合がございますので、ご了承ください。

駒草出版 株式会社ダンク出版事業部 https://www.komakusa-pub.jp/

本書をお買い上げいただきまして、ありがとうございました。
今後の参考のために、以下のアンケートにご協力をお願いいたします。

1）購入された本についてお教えください。

書名：

ご購入日：　　　　年　　月　　日

ご購入書店名：

2）本書を何でお知りになりましたか。（複数回答可）

□広告（紙誌名：　　　　　　）　□弊社の刊行案内
□web/SNS（サイト名：　　　　　　）　□実物を見て
□書評（紙誌名：　　　　　　）
□ラジオ／テレビ（番組名：　　　　　　）
□レビューを見て（Amazon／その他　　　　　　）

3）購入された動機をお聞かせください。（複数回答可）

□本の内容で　□著者名で　□書名が気に入ったから
□出版社名で　□表紙のデザインがよかった　□その他

4）電子書籍は購入しますか。

□全く買わない　□たまに買う　□月に一冊以上

5）普段、お読みになっている新聞・雑誌はありますか。あればお書きください。

〔　　　　　　〕

6）本書についてのご感想・駒草出版へのご意見等ございましたらお聞かせください。

（※2）

と差して、一瞬、重忠公を演じた役者の姿と重なって映りました。そのとき、「宮司がんばれ！」という声が確かに聞こえてきたんですね。

もうひとつは、8年前。長男が急死するという不幸がありまして。

私自身大変なショックでしたが、宮司として参拝者を迎える立場ですし、家族じゅうがふさぎ込んでいる状態でしたから、何とか気を張って……。でも毎日夕方になると気が滅入ってきて、ひとりになると砂時計の砂がみるみる減っていくようなといいますか、鬱病のような状態に陥ってしまったんですね。

そうこうするうち、亡くなった息子の誕生日になりました。

どうしようかと思ったのですが、まだ（神道で死者がいまだ霊の状態にあるという）50日以内だから、祝ってあげようと。朝のおつとめで、神前にあげる祝詞の最後に、私的な言葉を述べました。うらみごとではなく、感謝の言葉です。

すると、一歩社殿の外に出たら、ゴーッという音がして。目の前の秩父杉を望む境内が、11月の末だというのにまるで春のような暖かな空気に包まれている。その瞬間、悲しみや苦しみが足許からスーッと抜けていく感覚を覚え、自分の内に力がみなぎってくるのがわかったんです。

＊

後藤宮司にとって秩父杉は、ご祭神の神意や御心といったものをあらわし、伝えてくれる交信手段なのだという。神木を「神の依り代」といい、神霊があらわす何ものかを「神のしるし」ともいうが、祭祀者にとってその言葉は、絵空事ではなく、リアルな実感をともなうものなのかもしれない。

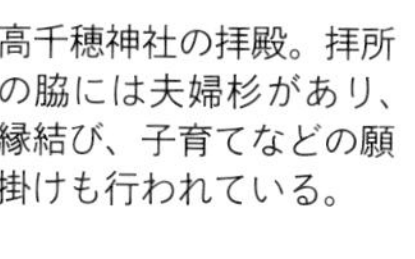
高千穂神社の拝殿。拝所の脇には夫婦杉があり、縁結び、子育てなどの願掛けも行われている。

社殿の向かって左側に２本立ち並ぶ「大杉」（写真右）。大きさは奥のほう（写真上）がやや勝り、幹回り9.4メートル、樹高41メートル。手前のそれは、幹回り8.4メートル、樹高39メートル。案内板によれば、推定樹齢は1000年とのことである（県指定天然記念物）。

鬼の刀が依りついた大杉

巌鬼山（がんきさん）神社の大杉（青森県弘前市）

みちのく岩木山の北東麓に鎮座する巌鬼山神社は、岩木山信仰発祥の元宮（もとみや）にして、「岩木山裏信仰」の聖地とも目されている。

深い森に抱かれた境内に、ひときわ大きな２本のスギが天を突いている。伝説では、岩木山西郊に棲む鬼神太夫（きじんだゆう）なる剛力の刀鍛冶が鍛えた一振の刀が、当社のスギに飛来したといわれている。事実、「鬼王丸（きおうまる）」と呼ばれる社家伝来の宝刀も残されているという。

青森はスギが自生する北限の地とされている。

２本の御神木は、社殿の向かって左側の手前と奥に並び立っており、とくに手前のそれは、見慣れた神木スギとはひと味ちがう風合いである。激しくささくれ立った木肌に、おびただしく枝を生やす異相——その荒々しい風貌は、鬼神が宿るにふさわしい。まさに“北限の鬼スギ”である。

（左ページ）奥のそれとは樹肌の風合いを異にする手前の１本。鬼神太夫の伝説は、刀剣に宿る神霊がスギに憑依するという文脈で、製鉄の御業（みわざ）が伝播したことを物語るものだったかもしれない。

(写真上)「甕杉」のたもとの古碑群。自然石にホトケのアイコンである梵字のほか、南無阿弥陀仏の名号や祈願文が刻まれたもので、関東などでは見られない独特の様式である。
(写真右)木のたもとには、石碑群のほか観音像を祀る小堂(左奥)なども並ぶ。

巨杉の下に集う御霊たち

関(せき)の甕杉(かめすぎ)(青森県深浦町(ふかうらまち))

「甕杉」は、JR五能線の北金ケ沢(きたかねがさわ)駅にほど近い、日本海を見下ろす高台に立っていた。その名は水甕を伏せたような樹形に由来するといい、「亀杉」とも「神杉」の転訛ともいわれている。巨樹としての風格もさることながら、盆栽のような典雅な樹冠を形成し、スギの自生北限にあたる土地で美しく仁王立ちしている。

木のたもとに寄り添っている古碑群は42基を数える。その年号からほぼ南北朝時代にあたり、当時みちのくの覇者として一時代を築いた安藤(本姓は安倍)一族の死者の冥福を祈る供養塔とされている。安藤氏はこの近くに本拠を構えていたといい、のち津軽半島の十三湊(とさみなと)に城郭都市を築いて「奥州十三湊日之本将軍」と呼ばれたという。それらの追憶が甕杉を依り代としてここに集結し、特異な祈りの場を形成しているのである。

(左ページ)「関の甕杉」(県指定天然記念物)。幹回りは8.2メートル、樹高は30メートル。近隣には「北金ヶ沢のイチョウ」や「折曾のイチョウ」もあり、巨樹・神木を旅する者の聖地となっている。

御岩神社境内図。その社名は、頂上の大岩に祀られたイワクラの信仰（岩に神霊が宿るという信仰）に由来すると思われる。御岩山は、山頂付近から縄文晩期の祭祀遺跡が出土され、『常陸国（ひたちのくに）風土記』にも記された、歴史の古い修験の霊場。山内に祀られている神霊は188柱にのぼり、今も神仏習合の名残をとどめている。

魔と不浄を許さない門番

御岩山（おいわさん）の三本杉（茨城県日立市）

近年、御岩山を神体山として崇める御岩神社は、「日本最強クラスのパワースポット」との評判である。そんな神域の入口、仁王門の手前に立つのが「三本杉」だ。その名のとおり、地上約３メートルのところで巨木な幹が３本に分岐している御神木である。

伝説ではそこに天狗が棲んでいたといい、災いをもたらす者を通さず、ときに参拝者を脅かすこともあったといい、人々から畏れられていた。その枝葉を切ったり、火にくべたりすると病気になるとも言われていたらしい。これらは、不浄を嫌い、ときに祟りをなすという御岩山の神格が、御使いの天狗に仮託されたためだろう。ポセイドンやシヴァ神が手にする三叉戟（さんさげき）のような樹形は、確かに魔の侵入を許さない門番さながらである。

（左ページ）「三本杉」の幹回りは8.1メートル、樹高は35メートル（県指定天然記念物）。案内板によれば推定樹齢500年という。その樹形は、１本からの分岐か、３本の癒着によるものかは不明とされている。

No.10

鹿島神社と御神木の「佐久の大杉」（樹高20メートル、幹回り8・8メートル、県指定天然記念物）。とくに特徴のない集落を地図を目当てに進むと、小さな看板に行き当たり、矢印の方向にそれがずどんとそびえ立っていた。

次元のちがう歴史が突如出現

佐久（さく）の大杉（茨城県石岡市）

どこにでもある住宅地に、そこだけ次元のちがう歴史が出現したかのような奇妙な違和感をおぼえる景観である。

案内板によれば、推定樹齢は1300年以上という。現在、鹿島神社と記された鳥居が立ち、簡素な拝殿が神木に寄り添っているのみだが、伝承では「大化改新（645年）の頃、大和朝廷からこの地に派遣された国司の後裔がお手植えした杉」といい、元禄16年（1704）にタケミカヅチの御神霊を迎えて鹿島神社になったとき、すでに「千年を越す巨木であった」と伝えられている。境内から須恵器（すえき）などの古代の祭器も出土していることから、ここが古より祭りの場だったことはまちがいない。そんな土地の記憶の一切を、この木だけが今も変わらずとどめているのである。

（左ページ）「大杉」の周囲には回廊が巡らされ、ぐるり拝観できるようになっている。向かって左側から拝するとあたかも枯死寸前のようだが、その反対側（写真）は、老大樹の生命力と風格を存分に見せつけている。

No.11

下来伝の大杉
栃尾市教育委員会

「ほだれ大神」の社と境内（写真上）。神木の信仰から派生した道祖神信仰がもたらす信仰的景観は目を見張らせる（写真右は道祖神の石像）。「ほだれ様」の祭祀は、この村の子孫繁栄と五穀豊穣の基で、毎年3月の第2日曜日には「ほだれ祭」が盛大に行われる。

女杉にして男女抱擁の相

下来伝（しもらいでん）の大杉（新潟県長岡市）

「ほだれ大神」と額が掲げられたお社とその狭い境内は、一種異様な景観だった。

右には巨大な御神木（女杉）の根元に石造りの男根が添えられ、左には苔生（む）した男女一対の道祖神群が蝟集している。世話人の方の許可を得てお社の扉を開けると、榊（さかき）や御幣（ごへい）で飾られ、注連縄が巡らされた男根形の御神体が鎮座していた。

その昔、男杉と女杉と呼ばれるスギの木があった。ある年、大水で村の内と外を結ぶ唯一の橋が流されてしまい、やむなく男杉を伐って川に渡したところ、村では、よからぬことばかりがつづいた。これは男杉を失った女杉の祟りにちがいないという結論となり、女杉の前に男根石を祀った。それが「ほだれ様」の起源という。そういわれれば、男根の置かれたあたりの樹肌は何だか女陰のようにも見えてくるのだ。

（右ページ）「大杉」。幹回り8.3メートル、樹高31メートルで、樹齢推定は800年とされる。見る角度によっては、スギそのものが男女抱擁の相にも見えるのだが、いかがだろうか。

2003年の台風で根元近くの北側の大枝を折損し、その跡が掌(てのひら)のような形をしているのが面白い。「さあ、眼下の渓谷美をとくとご覧じろ」と訪れる者を促しているようだ。

丹沢の孤高の王

箒杉(神奈川県山北町)

丹沢の王。そんな言葉を冠したくなる一本杉と逢ってきた。

樹齢は2000年とも伝わっている。樹下には小社があり、鳥居に熊野神社と記されている。古来集落が生まれれば、しかるべき場所に氏神が祀られるものだが、それがここだったのは自然の成り行きだろう。急峻な谷間ながら、人々はこの木に寄り添うように居を構え、集落が形成されていったことをうかがわせる。

守護神としての"実績"も十分である。明治37年(1904)の大火では、楯となって集落を全焼から守ったといい、昭和47年(1972)の豪雨では、土砂崩れを受け止め、集落全体の壊滅を食い止めたという。集落の主柱というべき「箒杉」あればこそ、今も数戸の住民がこの地にとどまっているのだろう。

(左ページ)「箒杉」(国指定天然記念物)。幹回り12メートル、樹高45メートル。「ほうき」とは、集落名の宝木沢(ほうきさわ)に由来すると思われる。当地は、江戸時代にスギやヒノキ、ケヤキ、モミ、ツガ、カヤの私的な伐採が禁じられた銘木の産地であった。

No.13

南側の大枝は垂れ下がって枝葉が地面に接しているが、これは損傷する前から同様だったという。もともとは里の一本杉のため、陽光をさえぎるものはなく、根元近くから存分に枝を伸ばして卵形の樹冠をなしていた。

不撓不屈(ふとうふくつ)の余生

阿弥陀杉(熊本県小国町(おぐにまち))

1999年の9月24日、熊本県北部に上陸した台風18号により、その銘木は樹勢を大きく損なった。しかし、全体の約3分の2を失ったことで、「阿弥陀杉」は欠落部分を含めたその巨(おお)きさを想起させ、なお残された基幹部の偉大さを実感させる存在になった。

これまでもさまざまな危機を乗り越えてきた。明治35年(1902)には売却され、伐採されそうになったが、当時の北小国村と南小国村の財産組合が資金を募り、土地その他を含め340円(現在の価値でおよそ680万円)で買収し、両村の宝として保存されることが決まった。戦後に傷みが目立つようになると、支柱を立て、道を付け替え、シロアリを駆除し、土を入れ替えるなどして手厚く保護されてきた。

そして今、不屈の生き様を見せつけつつ、大スギは最晩年の生を過ごしている。

No.14

(右ページ)主幹は引き裂かれ、南側の大枝を残すのみとなったが、損傷から20年を経てなおも唯一無二の存在感を放つ「阿弥陀杉」(国指定天然記念物)。何より、この木はまだ生きているのだ。

No.15

たらちねの姥神(うばがみ)

――イチョウ[銀杏／公孫樹]――

北金ヶ沢のイチョウ(青森県深浦町(まち))、高照寺ノ乳(ちち)公孫樹(千葉県勝浦市)ほか

一本で密林をなすイチョウ

「あら、こんな時期にわざわざ来なすった」

おばあさんにそう声を掛けられた。

青森県深浦町、「北金ヶ沢のイチョウ」。ＪＲ五能線の北金ケ沢駅を下車して10分少々歩くと、その〝森〟がある。「こんな時期」とは、近年ライトアップのイベントも行われ、観光客が殺到するという黄葉の見頃(11月中旬〜下旬)とはかけ離れた青葉の頃だったからだろう。おかげで、たったひとりでこの木と向き合うことになった。

しかし、はじめて詣でた者にとっては、この木は相当手強い相手である。

そもそもこれは一本の木なのだろうか。よく巨樹を指して「一木で森をなす」というが、むしろこれは「一木で密林をなす」といったほうが正確なのではないか。

小枝やヒコバエ(若芽)がからまった藪をかき分け近づいてみると、幹や枝からイチョウ特有の気根、乳根と呼ばれるものが無数に垂れ下がっており、その多くは幹に沿って地面に達している。それが巨樹の幹をさらに膨張させ、末端から無限に増殖する怪物的容姿をあらわすに至っている……言葉ではそう書き連ねるのが精一杯である。

看板には「日本一の大イチョウ」とあり、「すべての樹種の中、巨大感で日本最大」(宮誠而(みやせいじ)氏)だという。確かにそうだろう。木の周囲を一周し、近づいたり離れたりして写真を撮ろうと試み

るが、その大きさとインパクトを切り取るのはきわめて困難で、結局は「樹辺宮」なるお社の前に座り込み、地面から呆然と見上げるほかなかった。

「このイチョウは樹齢1000年以上、高さ約31メートル、幹回り22メートルで、垂れ下がっているたくさんの乳根・乳垂から『垂乳根（たらちね）のイチョウ』と呼び、古くより神木として崇拝信仰されています」（案内板より）

同じ青森の「十二本ヤス」（→196ページ）とはちがい、ここは長居が許されそうな気がする。なぜだろう。人家にも近く、人々が長らく親しみ、その祈りに寄り添ってきた「垂乳根の木」だったからかもしれない。

＊

「たらちね」といえば、和歌でいう「母」にかかる枕詞である。

その語義は「垂乳根」つまり垂れ下がった乳房にあり、その言葉のモチーフはイチョウの気根（乳根）にあったのだろうか。だとすれば、何となく合点がいく。無数の〝垂れ乳〟は、〝多乳〟で知られる古代ローマのアルテミス像を思い出すまでもなく、まさしく多産と豊饒の象徴であり、広大無辺な母性を連想させるものだ。

ところが、そもそも「たらちね＝母」では必ずしもなかったという。

「足乳根、垂乳根の漢字を用いて乳房の垂れた女の意から、母にかけるというのは、後からつけられた解釈とも言われます。古今集では親にもかけて用いられています。現在では、『たらちねの』を母・親にかける枕詞としています」（『短歌文法入門』）

枕詞というものはもとより、一種の符号にすぎないという。歌会（うたかい）などの場で、「たらちねの～」と口誦（こうしょう）することで、聞き手に「母（や親）の歌」をイメージさせるためのワードであり、結局のところ「たらちね」の語源ははっきりとはしないというのが結論らしい。

そして、それよりショッキングだったのは、「たらちね」の枕詞が登場した万葉集の時代、日

「北金ヶ沢のイチョウ」（国指定天然記念物）。幹回り22.0メートル、樹高40メートル（環境省値）。日本各地の大イチョウのなかでも別格の大きさである。（次ページも）

本にイチョウが伝来していなかったといわれていることだ。

東アジアの医学史・本草史の専門家によれば、奈良時代から平安時代の末期までの文献にイチョウやギンナンほか関連語句のかけらも見出すことはできず、鎌倉時代に禅僧がもたらしたとする説も根拠が薄弱で、文献上確認できるのは15世紀前期の室町時代になってからだという（茨城大学名誉教授・真柳誠氏らの説）。

だとすれば、「北金ヶ沢のイチョウ」の樹齢はどう古く見積もってもせいぜい600年ということになる。果たしてそうだろうか。この木を見ればとても納得しがたい。

イチョウは中国が原産とされているが、一方で、日本では石川県能美郡の手取層、北海道の石炭層、岩手県久慈市の地層などから「イチョウ葉の化石」が発見されており、有史以前から存在していたともいわれる。その化石イチョウの末裔が気候変動に耐え、適応しながらこの国で命を継いできた——という可能性はなかっただろうか。

仮にそうだとしたら、今度はギンナンという有用な実を着果させるイチョウが長い間この国では無視されていたことになり、それはそれで不思議な話ではある。

無視されていたといえば、「日本一の大イチョウ」が世間に認知されたのが、つい20年ほど前だったという話も驚かされる。

深浦町の巨樹・古木に指定されたのが2003年、国の天然記念物に指定されたのが2004年。日本一にしては遅きに失した感があるが、理由は、どこかで計測のミスがあり、環境庁（当時）の調査から漏れてしまったからだという。それが、1999年の『巨樹・巨木』（渡辺典博、山と渓谷社）にはじめて幹回り20メートルと紹介され、急に注目されるようになったということらしい。

(右ページ)大イチョウのかたわらに建つ「樹辺宮」より。その裏に「礼拝堂」もある(上)。ヒコバエや小枝がとりまく幹の近くに分け入ると、お供えの台があり、祈りの場であったことを伝えている(下)。

乳を授ける有り難い御神木

しかし、本草学者に無視され、環境庁（省）の役人から見落とされても、それは地元の人らには何のかかわりもないことだっただろう。

もちろん、彼らはよく知っていた。

「北金ヶ沢のイチョウ」がある場所は、もともと社寺の境内地だったと思われる。現在も、狛犬が2対並ぶ小さな神社が祀られており、その奥には「礼拝堂」と記された簡素な建物がある。また大銀杏の周囲にもいくつかの小祠が立ち並んでいる。

案内板によれば、伝説では7世紀の蝦夷（えみし）征討で知られる将軍・阿倍比羅夫（あべのひらふ）が建立した神社の跡地とされ、そのときイチョウが植えられたと伝わっている。また、南北朝時代にはこの地で栄えた豪族（金井安倍氏）の菩提寺の別院がここにあったとされている。

それ以降の歴史ははっきりしていないが、連綿と祈りの場として保たれてきたのだろう。

女性たちにとってこのイチョウは、乳を授けてくれる有り難い御神木だった。そのご利益は評判を呼び、秋田や北海道からも願掛けに訪れたほどだったという。

なお、昭和60年（1985）建立と書かれている「礼拝堂」は、地域の女性らで営まれてきた「講（こう）（民間の信仰集団）」のお籠もりの場だった。現在は高齢化によって解散状態にあるようだが、近年まで定期的に集まり、法要なども営まれていたという。

文部科学省の資料では、「気根にお神酒（みき）とお米を供えて祈る風習は昭和50年代まで続いていたといわれている」（「史跡等の指定等について」）とあるが、そのお供えの台は今も幹に寄り添うように残されている。今なお人知れず祈っている人がいるのだろう。

みずからの乳の出を祈り、子供の成長を祈り、その後は孫の誕生や家内安全をこの木に祈ってきた女性たちにとって、この御神木はまさに拠りどころにほかならなかった。

時代は巡り、いろんなことがあった。でもこの巨大なイチョウは昔から変わらず〝乳〟を垂らし、祈りを受け止めてくれている。まったく偉大な〝婆さま〟である。

「生ける化石」イチョウの祟り

万葉集に「たらちね」の枕詞は見えても、イチョウを指す語彙は見当たらない。だが、大伴家持（おおとものやかもち）の長歌2首に「ちちのみ（知智乃実）」というワードが詠まれており、それはイチョウの実（ギンナン）とも、イチジクやイヌビワの実ともいわれている。

このうち前者を採れば、「ちちの実」がなる「ちちの木」があり、それはイチョウだったということになる。その議論の当否はともかく、イチョウの代名詞といえば、古くより気根、乳根（＝乳）だったことはまちがいない。

ちなみに、イチョウの気根は英語でもChichi（乳）と呼ばれている。

植物学者によれば、イチョウは雌雄異株で、雄の木にも雌の木にも「乳」は出るが、出にくい個体もある。一般に気根と呼ばれているが、気根はあくまで空中に露出している根の一部を指す言葉で、正確には「担根体（たんこんたい）（根にも茎にも似た植物の部分）」の名残ともいわれている。

その特徴は、場合に応じて先端が根に変じたり、枝葉に変じたりするところにあり、実に融通の利く器官であるという（東京大学教授・塚谷裕一（つかやひろかず）氏による）。

裸子植物であるイチョウは、古い時代の植物の特性をいまだ多く残しており、「生ける化石」とも呼ばれている。その特性を代表するのが「乳」なのだ。

また、その「尋常ならざる」特性のため、「乳」が発達する古木は古来信仰の対象となり、「乳イチョウ」「乳房のイチョウ」などと呼ばれる木が全国にある。

「北金ヶ沢のイチョウ」の気根（写真提供＝〈公社〉青森県観光連盟）。

＊

神奈川県海老名市にも、かつて「乳房の公孫樹」と呼ばれる木があった。

その木は幹から乳房のような瘤がふたつ垂れ下がり、その先端からしたたる滴(しずく)を飲むと母乳の出がよくなるといわれた。母乳が足りない母親も、この滴を飲むと翌日は乳がほとばしり出たという。このためイチョウのある大谷(おおや)観音堂（海老名市大谷南）は安産・子育ての観音と崇められ、イチョウはその化身だといわれた。

ところが大正時代、このお堂の修復費用捻出のため、霊木を伐ろうという話が持ち上がった。反対意見も出たが、地元の某氏が有力者を説得して根回しをし、反対意見を潰して、とうとうイチョウは切り倒された。

するとのち、某氏ら伐採を主張した人たちの家は跡継ぎに恵まれず、血統が絶えてしまったという。古老によれば、子育ての木を伐り倒し、子孫繁栄の根本を断ち切った祟りとのことである（「海老名むかしばなし」タウンニュース海老名版を参照）。

この話は、霊木イチョウのご利益が、子育てのみならず子孫繁栄にあったことを物語っている。ちなみに、イチョウは「公孫樹」とも書くが、これは、「植樹した後、生長が早く寿命も長いものの、実がなるまでも長く、孫の代になってようやく実が食べられる」ことを意味するという。この、孫子の代で実をつけるという性質が「子孫繁栄の根本」という思考にもつながっているのだろう。

祟り伝説のイチョウがある一方、安産・子育ての信仰を集めた結果、みずからの身を削ったイチョウもあった。

東京・府中市の大國魂(おおくにたま)神社の社殿裏にある大銀杏は主幹を失い、老齢を隠しきれなくなっているが、これは、イチョウの根元に生息するキセルガイ（陸生の貝類でカタツムリと同類）を煎じて飲むと、母乳の出がよくなるといわれ、根元が掘り起こされ、根が傷(いた)めつけられたためだという。

(右ページ) 葉を落とし、無数の気根 (乳根) をあらわにする「千葉寺ノ公孫樹 (せんようじのいちょう)」(千葉市中央区)。幹回り8メートル、樹高30メートル。案内板には「乳柱がたれているがこれを煎じて飲むと母乳がよく出ると伝えている」とある(県指定天然記念物)。

横に伸び墓に授乳する老イチョウ

究極の乳イチョウと出逢ってしまった。

千葉県勝浦市の高照寺。場所は、日本有数のカツオの水揚げで知られる勝浦漁港の真裏から延びる、仲本町（なかほんちょう）朝市通り突き当たり。門前には「勝浦朝市発祥の地」という木碑が立っている。

街中の巨樹であれば、だいたい近くまで来ればそれ自体が目印になっていて探さなくてもわかるが、この場合はそうではなかった。

その大部分が墓石で占められている境内の奥、まるで巨大なモップのような木の塊が、白壁の内側で身を潜めるように存在しているのだ。樹高は10メートルほどといい、V字形に分岐した主幹らしきものも確認できるが、それより何より、北東側と西側、横に横に伸びている大枝の存在感が尋常ではない。

墓石の間を抜けて木に近づいてみる。大枝のひとつは大人の背丈を超えない高さに横たわり、石の柱に支えられていた。それをくぐりながら奥へ進み、無数の「乳」が垂れ下がっているさまを拝観する。大小の乳房状、あるいは巨大なつらら状の気根……その数は１００以上という。まるで鍾乳洞のなかに入り込んでしまったような景観だ。

これでは墓参の人も大変だろう、そう思いながら見ていくと、だんだんこの「乳」が墓石に授乳をしているように見えてきた。むしろ、これらの墓石はイチョウの「乳」を目当てに集まってきたのではないか、そんな妄想さえ浮かんでくる。

この寺にも乳イチョウの伝説が伝わっている。

「昔むかし、その年は天気不順で、何度も台風に遭い、洪水にも襲われ、ひと粒の米も採れなかった。そんななか、やせ衰え、乳も出なくなった十兵衛の妻およねは、悲観のあまり乳飲み子を抱えて海に身投げしようと歩いていたところ、高照寺の和尚の目に留まった。
和尚はおよねを本堂にあげてお経をあげると、不思議なことにおよねのおっぱいは重くふくらみ、乳飲み子は乳をごくごく飲みだした。
その話は村じゅうに広まり、お乳の出に困った人たちがこぞって高照寺にやってきた。やがて和尚が亡くなると、その墓のそばに一本のイチョウの木が植えられた。イチョウの木はあっという間に生長し、枝におっぱいの形をした乳根をたくさんつけた。やがて誰いうともなく、この〝おっぱい〟に触ると、乳の出がよくなると噂されるようになった」（抄訳）
この木の樹齢は不明だが、昭和の初め、日本の植物学の父・牧野富太郎氏に「千年の年輪を数えるか」といわしめたという話が残っている。
100年ほど前には火災で幹の上部を失い、現在見られるような横に広がる樹形になったといわれる。以後、主幹はふたつに裂け、その亀裂は大枝の重みでさらに広がっているようだ。
また、佐々木光道住職によれば、10年ほど前、この地域は〝雨なし台風〟にともなう塩害に見舞われ、イチョウの枝葉が枯れるなど大きな被害を受けたという。それ以前は「墓石の列の手前2列目ぐらいまで枝が伸びていた」というが、やむなく枝の多くは伐り落とされている。
確かに、切株の跡はそこかしこに見られ、往時はもっと壮観だっただろうと思わせる。「住職としての使命は、まずは乳イチョウを守り伝えること」という住職も、その維持・管理にはご苦労が多いようだ。
今でもある意味、母乳信仰は根強いが、今どきそれとお経の信仰や乳イチョウの信仰を結びつける発想はしないだろう。とはいえ、400年以上の歴史をもつという勝浦の朝市を見守りつづけ、漁師町の中心で人々を癒してきた霊木の存在は決して小さいものではない。
墓場に寄り添う怪物のような様相はまさに奇観だが、正しくは、外洋に面した厳しい環境とそこに暮らす人々の信仰がひとつになった〝奇跡の景観〟なのである。

現地案内板の表記では「高照寺ノ乳公孫樹」。幹回り10メートル、樹高10メートル。台風や火災の影響で大きく傷んだ結果、主幹はふたつに分岐し、樹冠は横に広がり、無数の気根を垂らしている。（次ページも）

木のたもとに祀られた石祠のうち一基には、「御眷属様拝領」と書かれた三峯神社の護符(おふだ)が納められ、幹の隙間にもおふだの紙片が挟み込まれていた。イチョウは一本で鎮守の杜をなし、神霊の依り代(よりしろ)となっている。

村人の祈りを受け止める“依り代”

本郷のイチョウ(千葉県市原市)

11月の後半、黄葉への期待はあっさり裏切られた。この年（2018年）の夏の台風にともなう塩害により、葉が早く枯れてしまったらしい。

しかしながら、運動公園脇の高台に一本立ちするイチョウは素晴らしかった。

すでに主幹は失われて久しいのか、太く生長したヒコバエが束になって癒着し、それぞれの幹を天高く伸ばして見事な景観をなしている。落葉してこそ堪能できた景観である。

木の全体を拝せる場所に「三峯神社」の鳥居が立ち、そのたもとには石祠が3基。木の脇には羽黒山・月山・湯殿山と刻まれた石碑があり、「川上用水の碑」には、先人たちの労苦を偲ぶ文面が刻まれている。このイチョウは、一本にしてこの村の人々の思いや祈りを受け止める“場”を形成しているのだ。

(左ページ) 幹回り10.1メートル、樹高は23メートル。複数の幹による融合体(株立ち)でありながら、全体として見事な樹冠を形成している。その旺盛な枝張りは妖気すら漂わせている。

No.16

本堂側から拝する「大銀杏」。多数の幹を束ねたような株立ちの樹相で、幹回り10・9メートル、樹高31メートル。かつては養老木と呼ばれ、安産・子育て守護の霊木として崇められていた。

“岩殿(いわどの)”の上に立つ聖イチョウ

正法寺(しょうぼうじ)の大銀杏(埼玉県東松山市)

大イチョウは、重厚なたたずまいの本堂の脇で威容を誇っていた。多数の幹を束ねたような株立ちの樹相だが、何より特筆すべきは、凄まじいばかりに発達したその根張りだ。幹のたもとからあふれ出るように無数の根が伸び、絡み合ってうずたかく露出している。何という奇態だろう。地表が流されただけではこうはなるまい。そう思いながら木を一周していると、あることに気づいた。このイチョウは巨大な岩の上に立っていたのである。

みずからの巨体を支え、養分を確保するために長く根を伸ばすのは自然のことである。ただ、それが関東有数の古刹・岩殿山正法寺の本堂と並び立っていることは象徴的な意味をもつように思えてならない。この大イチョウはまさに、聖なる“岩殿(または磐座(いわくら))”の上に立つ御神木だったのである。

(写真上)巨岩の上に立っている「大銀杏」。一部露出しているところから推測すれば、その石の直径は3メートルほどだろうか。
(写真左)「大銀杏」と正法寺本堂。創建は奈良時代初頭の養老2年(718)と伝わり、岩殿山という山号は、岩窟に本尊の千手観音を奉安したことに始まるという。

(写真左)海南神社境内のイチョウ。左が雌株(樹高15メートル、幹回り5.6メートル、樹齢は800年とも)。右が雄株(幹回り4.5メートル)。

(写真右)雄株のたもとの龍神社の屋根にのしかかるように伸びた「龍頭」。目や口のみならず、髭の様子までそう見えてくる。もう一本のイチョウの枝の付け根には「鹿頭」もあった。

化け物も神獣も憑依

海南(かいなん)神社の大イチョウ(神奈川県三浦市)

港町の昭和レトロな街並みから、吸い込まれるように海南神社の参道へと誘われた。

境内には3本の大イチョウがある。なかでも本殿に向かって右手前にある一本(雌株)は、「源頼朝が当社を参拝した折、祈願成就の記念にイチョウを手植えした」という由来を伝えており、主幹とのバランスを欠くほどに発達した乳根が目を見張らせる。"正面"から拝すれば、振り袖のような両腕をV字に挙げ、口から何物かを吐き出す化け物のようでもある。やや樹勢で劣る「雄株」も、支幹の先端が、まさに龍の頭に見えるとして話題となっている。

当社のご祭神は、冤罪で左遷され、この地に漂着した平安時代の貴族・藤原資盈(すけみつ)。さまざまな人が去来し、物語を生んだ三崎港にふさわしい、ドラマチックな神木である。

No.18

(左ページ)境内・雌株のイチョウ。太枝から垂れ下がる巨大な"乳"を触れば乳が出るようになるとして、地元の女性たちから拝まれてきた。

御神木
参拝記念
参拝記念

（写真左）かつて龍雲庵という寺院があったといわれる場所に立っている「滴水のイチョウ」。かたわらの阿弥陀堂とともに歴史的な景観を今に伝えている。

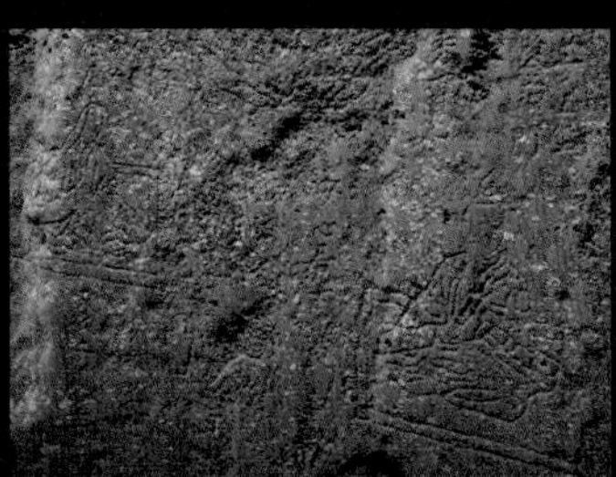

（写真右）大イチョウが抱く板碑には、男女の像が向き合うように刻まれている。このほか「法華、読誦、一千部」の文字が見え、その下には阿弥陀像とともに「逆修善根」などと刻まれている。願主（藤原永家）夫妻の後生安寧を祈った証だろうか。

さまざまな物語を秘めた イチョウの老樹

滴水のイチョウ（熊本市北区）

その小さな境内は、昔話の舞台にふさわしい佇まいである。傾いた石段を上り、露出した根をまたぎながら裏に回ると、意味ありげな板碑が苔生した五輪塔の残骸とともに根元に抱かれており、巨樹に寄り添うお堂には、古びた如来像が何ともいえない味わいを醸していた。

伝説では、平家の落人がこのイチョウを墓標として植えたという。天文２年銘の板碑に刻まれた男女の像は、そこに秘められていたであろうストーリーを思わずにいられない。案内板は〈この木を伐って薪にしようと考えた若者の夢枕に美女が立ち、伐らないでと頼んだ。美女はこの木に棲む白蛇の化身だった〉という昔話を伝え、夜中に拍子木が鳴ったという怪談も伝わっている。何かを思わせるイチョウの老樹は、まさに物語の源泉だった。

No.19

（左ページ）室町時代の銘をもつ板碑を根元に抱く「滴水のイチョウ」（県指定天然記念物）。幹回りは14メートル、樹高は42メートルで、旺盛な株立ちの樹相と露出した根が印象的である

スダジイの慈悲 ——シイ[椎]——

楽法寺(らくほうじ)の宿椎(やどしい)（茨城県桜川市）、薬王院のスダジイ（茨城県桜川市）、出島(でじま)のシイ（茨城県かすみがうら市）

No.20

身をよじらせ参拝者を迎える〝怪物〟

衛星写真で見ると、茨城県の筑波連山は勾玉(まがたま)の形をしている。主峰の筑波山（標高877メートル）で大きく裾野を広げた山塊が北方へと尾根を伸ばし、雨引山(あまびきさん)（409メートル）へとつづく。

雨引山楽法寺はその中腹にある山寺である。通称・雨引観音。坂東三十三観音霊場のひとつで、創建は用明天皇2年（587）とも伝える関東屈指の古刹である。「一に安産、二に子育よ、三に桜の楽法寺」と俚謡(りよう)（民間に歌い伝えられた歌）にも詠われているといい、一般には安産・子育て祈願の寺として名高い。しかも今回詣でたのは桜の時期の日曜で、山内は縁日のような賑わいだった。

かつての真壁(まかべ)城から移されたという薬医門(やくいもん)から長い石段を上りつめると、ようやく仁王門。左手に城壁のような石垣が築かれており、秘仏本尊の雨引観音を奉安する本堂にたどり着くにはさらに石段を上らねばならない。その最後の石段にさしかかったときだった。

石段の右脇に、目を見張るような〝怪物〟がこちらを向いていた。

怪物の名を「宿椎」という。寺では樹齢1000年と伝えているスダジイの老樹である。「こちらを向いて」というのは、4メートルほどの高さにあるウロが一つ目のように見えたこともあるが、斜面にそびえ立つその幹が、奉納された玉垣を避けるようにして樹下の参詣者を見下ろし

雨引山楽法寺の楼門。当山は、延命観世音菩薩（国指定重要文化財）を本尊仏に祀る、北関東屈指の観音霊場である。
（左ページ）本堂の手前で突然目に飛び込んでくる通称「宿椎」。

宿椎

祈商売繁昌 塚田陶器
祈家内安全 浅野清雄
祈商売繁昌 千代田利光

つつ、ぐいっと巨体をねじ曲げてこちら（参道石段側）にせり出しているためである。

木の背後から見下ろせば、その体勢は一目瞭然。斜面に根を踏ん張らせ、太い筋を束ねたような幹をねじらせているさまは、それだけで感動的である。

さらにいえば、立っている場所が絶妙である。いわばご本尊を詣でる直前に、山内の守護神を思わせるこの霊木と結縁（けちえん）できるしかけになっているのだ。

木のたもとに降り、間近に拝することができるようになっているため、巨樹に気づいた人が代わる代わるやってきては言葉にならない声を上げていく。ときに両手を木の幹にあてて祈っている人もいる。参拝のルーティンとなっているのか、何か特別な縁を感じておられるのか。

寺のパンフレットでは、宿椎についてこう記されている。

「1472年、本堂、諸堂が炎上した際、ご本尊がこの椎の木の大木にて難を避けたところから『宿椎』と称されるようになりました。大木から漂う霊気には、観世音菩薩の神通力が感じられます」

本尊・雨引観音は火災に遭い、「椎の木」で難を逃れたという。つまり、このスダジイがご本尊を守護したということなのだろう。ただし、この年に何があったのか、なぜ「観世音菩薩の神通力」と結びつくのかはいまひとつわからない。そう思い、宿椎の伝承や宿椎と雨引観音との因縁を調べていたところ、ほかならぬ楽法寺HPの「マダラ鬼神祭（きじんさい）の縁由（えんゆう）」にそれが書かれていた。

「観音菩薩がみずから木に避難した」の意味

——時は文明3年（1471）、上杉顕定（うえすぎあきさだ）の部将・長尾景信（ながおかげのぶ）の軍勢が、古河城（こが）（現・茨城県古河市）を攻撃し、城主・足利成氏（しげうじ）方の軍を破って古河城を占領。成氏ら一族は千葉に逃れたが、その翌年、結城（ゆうき）氏の援兵を得た足利方は1万5000の兵で古河城を奇襲し、ついに奪還に成功した。

（写真2点とも）「宿椎」。幹回り7.84メートル、樹高15メートル。本堂側から見下ろすと、本幹をぐいと西向き（参道石段側）にねじっているのがわかる（右ページ）。その巨体を太い根が支え、斜面で踏ん張っている（左）。

そして長尾方の敗兵を追い、裏筑波の雨引山に逃れた彼らを囲んだ。

足利勢は、四方から火を放って長尾勢を攻め立てた。当山（楽法寺）はこのため炎上し、本尊の延命観世音菩薩（雨引観音）はみずから光明を放って観音堂前のシイノキの老木に難を避けられた。兵火がおさまり、両軍退去したのち、境内に寄り集まった信者らは本尊仏の安泰に随喜の涙を流したという。

それから幾日かたち、夜ごと多数の鬼が雨引山上に集まり、材木を運び工事をしているという噂が立った。夜に多数の覆面をした職人があらわれ、仮堂を制作していたのだ……その鬼形（きぎょう）の人らを率いていたのが馬上姿の鬼神で、これを直視した土地の人々はその異形さに驚き、この鬼の大将こそ天竺（てんじく）（インドの旧名）のマダラ鬼神であろうと噂し合った……。（抄訳）

以上、奇祭として知られるマダラ鬼神祭の由緒縁起である。マダラ鬼神という謎めく鬼神の存在が気になるところだが、ともあれここで注目したいのは、ご本尊が「みずから光明を放ってシイノキに逃れた」というくだりである。

電話での問い合わせに応対した僧侶によれば、「当山に籠城した武将がご本尊をシイノキの下まで担ぎ出した」ということらしい。そういわれれば、事実はそういうことかと思わせるが、右の荒唐無稽な一文は、寺社縁起の世界では決して突飛な話ではない。似た伝承はほかにもあり、たとえば東京・浅草寺の浅草観音は、「（火災による炎上）の折、ご本尊が本堂の西方にあった榎の梢に自ら避難された」（浅草寺ＨＰより）との故事を伝えている。

シイノキかエノキかはともかく、この「観音菩薩がみずから木に避難した」というモチーフをどう理解すればいいのだろうか。

結論をいえば、前提として〝観音さんはそういう存在である〟と考えられていたというほかない。

モノとしての仏像がみずから動くとは考えられないが、カミ（神霊）の文脈ではありうる話で

「宿椎」に手を当て、祈る参詣者。近年、山内のパワースポットとして注目されている。

ある。神霊はほんらい一所不在であり、ときに〝光り物〟となってしかるべき木に降臨するといわれる。そういった〝現象〟は、「飛神明（とびしんめい）」とも呼ばれ、歴史的には枚挙に暇（いとま）がない（多くは伊勢神宮の神霊が飛び移られたとする）。

かつては一般的だった神仏習合の観念では、生きてはたらく（ご利益をもたらす）〝ホトケの御霊〟がみずからの意志でシイノキに依りつくという文脈は、不自然なことではなかっただろう。

そうであれば、「宿椎」の名も、〝本尊が仮宿にした〟という意味のみならず、〝観音菩薩の御霊がシイノキに宿った〟という意味も込められていたかもしれない。そうでなければ、パンフレットにある「大木から漂う霊気には、観世音菩薩の神通力が感じられます」という言葉にはならなかったのではないか。

ちなみに、観音菩薩は慈悲のホトケである。右の言葉をふまえていえば、宿椎自体が、慈悲深い神通力を現にわれわれに見せつけてくれている。もとより、この不思議の伝承なくしては説明のつかない存在だったといえるかもしれない。

高地に出現するスダジイの森

スダジイは、日光に照り映える葉をもつ照葉樹の一種で、正しくはブナ科シイ属の常緑広葉樹。いわゆるシイノキといえば本種をさすことが多い。

現在は新潟県および福島県を北限とし、その以南以西で見ることができる。

かつてスダジイの樹叢は関東から九州までの低地を広く覆っていた。だが、照葉樹の自然林が人の手によって伐り拓かれた結果、いわゆる「鎮守の森」と呼ばれる神社仏閣の境内やその周囲をのぞき、その多くは失われてしまったらしい。

一方で、スダジイを含む照葉樹林は今、日本文化を育んだ母胎として注目を集めている。というのも、照葉樹林帯の形成にともない、その環境に適応する形で展開した農耕文化が、いわゆる縄文文化だったからである。つまり照葉樹が繁る鎮守の森は、水田稲作文化以前にさかのぼる太古の記憶をとどめた貴重な空間なのである。

茨城で神木巡礼を行う機会を得て、ぜひ拝見したかったもののひとつが雨引観音の「宿椎」であり、後述する「出島のシイ」だった。ともにスダジイだったのは偶然だが、下調べをするうちに、2か所を結ぶルート上に注目すべきポイントが浮上した。筑波山の西側の登山ルート上に位置する名刹・椎尾山（しいおさん）薬王院である。

山号に椎の字を冠するだけのことはある。この寺の境内および裏山斜面は「椎尾山薬王院スダジイ樹叢」として県指定の文化財となっており、案内板には、「次の点で学術的価値の高い存在である」として、以下のような特色が挙げられている。

1、往時の生物群集からなる生態系を長期にわたって今日に伝えている暖帯林である。
2、群生の規模が非常に大きい。
3、植物の宝庫であるとともに、植物同士や動植物とのバランスがよく保たれている。
4、日本におけるスダジイ樹叢の北限に近い。
5、救荒（飢饉の救済）、水源、防災林として果たしてきた役割が大きい。

スダジイだけでも、胸高直径30センチ以上が100本を超えて群生し、なかには樹齢300～500年と推定される古木が十数本残っているという。ともあれ、温暖地を好み、海岸や平地に多く見られるスダジイの樹叢が、その北限に近い筑波山中腹の高地に繁茂しているのだ。これは驚くべきことだろう。

その要因はふたつ指摘されている。ひとつは、6000～7000年前の温暖化による海水面の上昇によって、筑波山麓の近くまで内海が迫り、照葉樹の伝播が促されたこと。もうひとつは、平野の独立峰（筑波山はその典型）などで顕著に見られる「斜面温暖帯」の発生によるものである。

椎尾山薬王院の本堂前から背後のスダジイ樹叢を望む。

「斜面温暖帯」は、おもに冬期のよく晴れた日の夜間に顕著にあらわれるという。そのメカニズムは、放射冷却によって地表の温度が奪われ、標高が高くなるほど気温が上昇する逆転現象が生じ、下降する暖気によって斜面の中腹が温められることで、比較的気温の高いエリアが等高線に沿って帯状に発生する――というものである。

薬王院の竹林俊充（たけばやししゅんじゅう）副住職はいう。

「境内のある標高200メートルあたりが、ちょうど冷気と暖気が折り合う場所なんです。麓と比べるとだいたい3度Cぐらい冷え込みを抑えるそうです。初冬の朝方はとくにそれを実感します。思い出すのは、子どもの頃、境内の自宅を出て学校に行くとき、山を下りるほどに霜が降りてきていました」

筑波山の中腹に特別な場所がある。そのことは古くから知られていたらしい。

当寺の開山は延暦元年（782）。筑波山の四方に置かれた四面薬師のひとつで、古来、「椎尾のお薬師さま」として親しまれてきた。境内には江戸時代初期に再建された仁王門と薬師如来の秘仏を奉安する本堂および三重塔があり、いずれも当代一流の建築仕様によるものである。それにもまして味わい深く心地よい印象を与えるのは、境内の要所要所にそびえるスダジイの巨樹であり、本堂裏に広がる照葉樹林の森である。

「古くからここはシイノキの山だと知られていて、シイノキ樹林のおかげで、風雨災害から守られている。だから木を伐ってはいけないと代々伝えられています。最近もひどい台風が来ましたが、結局は『シイノキさんが守ってくれた』という話に必ずなるんです」（副住職）

鎮守の社とともにそびえる御神木

もっとも印象的なスダジイの木は、寺務所や阿弥陀堂のある一画、仁王門の前、仁王門から本堂へ上る石段の脇と、目に留まりやすい場所にそれぞれそびえている。なかでも白眉は、本堂の脇、鎮守のお社を従え、護るように立っている一本だろう。

「阿弥陀堂のほうから上がってこられる人は、まずこの木がドンと目に入る。仁王門から上がってこられた人も、本堂の次にこのシイノキが目に入る。三重塔はその陰にあるために、それよりも目立つ配置になっています」（副住職）

そのシイノキのたもとにある鎮守社は、南面する本堂を護るように東面している。そしてその先は筑波山男体山の頂へとつづいている。

「そういえば……」と副住職。

「本堂の真横に鎮守のお社があるというのは、あまり見ないですよね。しかも、土を盛って石段で囲い、一段高くした上にシイノキとともに立っているという……」

確かに、お社じたいは小さいものだが、わざわざ高くして祀られている。寺院（あるいは本尊）の鎮守であれば、本堂の手前や奥に控えめに建っているのが普通だろう。

このお社には興味深い逸話がある。

もとは山王社（さんのうしゃ）といったらしい。天台宗の総本山・比叡山延暦寺と鎮守・日吉大社（ひよしたいしゃ）（山王社）の関係から、天台宗の薬王院でそれが祀られるのは自然なことである。ただし、明治初年の激烈な神仏分離の運動は筑波にも波及し、山王社は打ち毀（こわ）しの危機に瀕したという。そこで当時の住職は一計を案じて、毘沙門天の像を奉安し、これは毘沙門堂だと抗弁して事なきを得たという。その経緯もあってか、今も参拝者にはそれが何のお社かわからないようになっている。

ところで、大切な、護られるべきお社だったことは理解できるが、なぜこの位置に、土壇までを築いて祀られたのだろうか。まだ何となく釈然としない。副住職は、「江戸初期に三重塔が再建される以前、薬王院には宝塔が立っていたとする記録があるんですが、その宝塔が立っていた場所がここだったんじゃないか」と推測している。

（写真右）薬王院境内の鎮守・山王社とスダジイ。

（左ページ）スダジイと竹林俊充副住職。

確かに、寺院の堂塔の配置としてはそれはありそうな話である。ただ、筆者は別のことを思っていた――もしそうだとしても、そこに寄り添っていた〝守護神〟があったからこそ、鎮守社がここに祀られたのではないか――。

「確かに、シイノキありきだったかもしれないですね。椎尾山の信仰のなかで、シイノキとともに守護神として祀られたという。このシイノキは500年前頃からあるといわれていますから、江戸時代に諸堂が再建された頃からここにあって、つねに寄り添う存在でした。シイノキは山王社とセットですが、位置的にいえば本堂も護っているし、三重塔も護っています」（副住職）

そのシイノキは、巨大なブロッコリーのような樹冠をしている。

何よりその樹肌がいい。スダジイの樹皮は縦に切り目が入るが、老樹になるとその皺が深くなり、やがて大綱（おおづな）を束ねたような風合いになる。そして本樹は、その身をよじらせながら万歳をするように幾本もの枝を伸ばしている。湧き上がるような力を感じさせてやまない樹相である。ずっと眺めていたくなる木だ。

「そういえば……」とふたたび副住職。

「月に1回はこの木に抱きつきに来られる人がおられます。50代ぐらいの女性でしょうか。こうやって（幹に手を当てて）何分もじっとしておられる。そういう方はほかにも何人もいらっしゃいます。この樹肌のボコボコした感じがそう思わせるんでしょうか、『この木に生命力を感じる、パワーをもらえる』とおっしゃる。今あるこの注連縄も（少し汚れていますが）、ウチで巻いたんじゃないんです。40代ぐらいの男女の方が、奉納したいということで持ってこられた。本麻（ほんあさ）という、神社で用いられる正式なものでつくられたものです」

たとえ寺院にあっても、しかるべき巨樹は人知れず御神木となっていく。そういうことかもしれないと思う。

（右ページ）薬王院境内には、特徴のあるスダジイの大木がいくつもある。山王社脇の１本（右写真、幹回り5.6メートル）および仁王門前の１本が樹齢500年と伝わっており、ほかにも特異な樹形をなすものや、洞部分に地蔵尊を祀る老樹もある。

〝妖樹〟を中心軸とする信仰的景観

見たことのない光景がそこにあった。

所在地は茨城県かすみがうら市下軽部（しもかるべ）。平成の大合併の前は霞ヶ浦町（かすみがうらまち）といい、その前身は出島（でじま）村（むら）だった。霞ヶ浦に突き出た半島状の地形をあらわす地名である。したがって「出島のシイ」というネーミングは何の変哲もないが、この地域のシンボルツリーだったのかもしれない。ともあれ、時が止まったかのように人影のない集落をさまよいながら、ようやくその場にたどり着いた。

長福寺という、今は無住の寺院の山門脇に、もうひとつの〝境内〟があった。

生け垣が施された入口の正面にスダジイの巨幹がそびえ、野太い枝が手招きするようにこちらに伸びている。その手前には石仏を納めた小堂があり、栞（しおり）のような紙片が無数に貼られ、ヒラヒラと風になびいている。木の脇には観音や地蔵の石仏と羽黒山・月山・湯殿山と刻まれた石碑。そして、スダジイを取り囲むように数十の小石仏が横並びになり、内向きに配列されていた。

この空間はいったい何なのだろうか。

ひとつの完結した世界観がそこにあるとすれば、本尊のスダジイを中心に諸尊が集合した立体マンダラのように見えなくもない。

その本尊は、すでに主幹を失って久しいのだろう。そのぶん四方八方に枝を伸ばし、生い繁った葉が境内を覆っている。そのため樹下はほの暗く、深い皺が刻まれた幹には苔がびっしりと張りついている。逢魔（おうま）が時（とき）（夕刻）に詣でたのがいけなかったのか、妖気すら感じさせるたたずまいである。

正直なところ、私は民俗の深淵をのぞいてしまったような濃密な気配に言葉を失ってしまった。この〝妖樹〟を軸とする信仰的景観はいかにして生まれたのだろうか。とりあえずは、このスダ

今は無住となった長福寺の境内では、石造物などのそこかしこに細長い紙片が貼られていた。

ジイに依りつき、世界を構成しているアイテムの解読から入ることにしよう。

まずは、栞とも付箋ともつかない謎の紙片。

そこには「奉納百堂詣為〜」「奉納百堂者為〜」「奉納百堂巡礼為〜」などと書かれている。かすみがうら市歴史博物館の学芸員・千葉隆司氏によれば、これは石岡市や土浦市を含む茨城県南部で盛んな「札ぶち（打ち）」と呼ばれる民俗行事によるものという。

すなわち、家人が亡くなってはじめて迎える「新盆」の家で、故人の戒名（右の「〜」の箇所）を記した紙を１００枚用意し、近くのお堂などに１００か所貼っていくというものである。つまり、札の文字にある「百堂詣」、「百堂巡礼」である。

そんな風習が現代も残っていることにも驚くが、１００か所とは大変な労力である。実際は、境内の石仏や供養塔などのそこここで同じ戒名の札が見え、ひとつの場所で相当数の〝巡礼〟をこなすふうもうかがえる。１００をクリアすることが何より優先されるのだろう。

そして石仏群。スダジイをぐるりと囲むそれをよく見れば、すべて同じお姿。右手に金剛杵と呼ばれる法具を手にした弘法大師空海像である。その数は88体という。要するに、弘法大師ゆかりの四国八十八ヶ所霊場がここに集結しているのだ。

実は、お堂のなかに安置されているのも大師像である。先の千葉氏によると、このお堂は、出島地区を中心とする「四国遍路八十八ヶ所札所の移し霊場」のひとつなのだという。つまり、当所はその88分の１のポイントにして、かつ、一か所で「八十八ヶ所」を満行できるミニチュア霊場なのである。

四国八十八ヶ所信仰のほの暗さ

この「移し霊場」は、江戸時代の明和4年（１７６７）、長福寺の正応上人によって創設された

生け垣の内にはスダジイの巨樹（出島のシイ）が中心にそびえ、その手前に建つ木造の小堂には「奉納百堂〜」と記されたおびただしい数の紙片が貼られていた。
（次ページ）「出島のシイ」（県指定天然記念物）。幹回り7.0メートル、樹高20メートル。主幹が失われて久しく、幾本もの大枝を横に伸ばしている。伝承によれば、樹齢は700年という。

ものといわれる。そのご由緒と経緯は、１９７８年の奥付がある『出島村史〈続編〉』に書かれており、それをもとに以下、略述してみたい。

＊

この霊場は、正応上人が病者やさまざまな支障で四国霊場をお遍路できない人々の心根をあわれんで、みずから四国の88か所を遍路してその砂を持ち帰り、地元の寺院にその霊場を移したものである。

その札所は、下軽部長福寺を中心とする出島地内にもっとも多く、88か所のうち56か所は出島村内、それ以外の32か所は近隣地の土浦市、千代田村（現・かすみがうら市）、石岡市にわたっており、加茂の南円寺（かすみがうら市）を第一番札所、高浜・北根本の西光院（現・石岡市、廃院）を第八十八番札所としている。各札所にはそれぞれ大師の石像が建立されたが、現在は廃寺となった寺院も多く、ただ石像のみが風雨にさらされていたり、像の所在さえ不明なものもある。

大師像の台石には四国の札所霊場と霊場寺院名が刻され、なかには札所のご詠歌が刻まれている。その造立年代は、正応上人が霊場を移したときよりやや下り、文化・文政時代（１８０４～１８３０）のものが多い。札所とは別に当地の信者によって祀られた大師像も同時代の建立が多く、なかには明治初期のものもある。

なお正応上人は、この「移し霊場」のほかに、歩行不能者や老人らのために、四国八十八ヶ所の土を一か所に遷して、ここ一か所を参拝することで弘法大師の慈悲にすがれるように、折越の持宝院にその土を納めて大師を祀った。しかし、当院は廃院になってしまい、今は寺院跡を残すのみで大師の石像すら見当たらない。

村内にはこのほか八十八箇所を一か所に祀ったところとして、加茂・南円寺、安食・福蔵寺（以上、かすみがうら市）、そして長福寺などが挙げられる。そのうち、長福寺山門側の県指定天然記念物の大シイの下にあるものは、札所に現在も整然と保存され祀られている。

*

四国の八十八ヶ所が今ある形に定まったのは江戸時代に入ってからで、民衆のあいだに広まったのは、17世紀後半に相次いで出版された四国遍路の指南書や霊場記がきっかけだったという。そのムーブメントは、お伊勢詣りに代表される物見遊山のブームと重なるが、〝お四国〟の場合は、それら他の巡礼地とはまたちがった側面があったらしい。

お伊勢詣りは、共同体（講）内の代理参拝や若者の通過儀礼といった社会的な側面があるのに対し、四国遍路はあくまで個人による発願で、なかでも病者や窮民、何らかの理由でムラにいられなくなった逸脱者が多かったという。

その動機となったのは、たんなる現世利益というより、病平癒や懺悔滅罪であり、〝お四国〟は、死出の旅を思わせる装束をまとい、深刻な悩みや病、疎外感などを抱きつつ歩く修行の道だった。実際に、途中で行き倒れて、遍路道にそのまま葬られる人も多かったという。

だが、お大師さんと同行二人（弘法大師と常にともにあるの意）で迎える死は、最期の救いでもあっただろう。

前掲文に、「病者やさまざまな支障で四国霊場をお遍路できない人々」とあるが、そんな人々こそ、お遍路を渇望してやまなかったのだ。そして、「心根をあわれんで……」のくだりは、彼らの心情に応え、救済に導こうとする宗教者の思いが感じられる。

今でこそ観光や自分探しの旅がイメージされるが、もともと四国遍路にはどこかほの暗いイメージがつきまとっているのだ。

その〝ほの暗さ〟は、スダジイの樹下がよく似合う。

木を取り囲む88の大師像は、ミニ巡礼の便宜のためになされた配置だったかもしれないが、結果として、それぞれのお大師さんが〝本尊〟と向き合い、結縁しているようにも見える。一方巡礼者は、それぞれのお大師さんを拝みつつ、その背後にある存在をも意識しただろう。

人々の世界観や霊性の中軸

では、ここで本尊と仮称するスダジイは何物だったのだろうか。

あえていえば、この国の民俗の世界観や霊性の中軸をなすもの――つまり祖霊の象徴であり、その依り代だったのではないだろうか。

推定樹齢700年といわれるこの木は、江戸時代すでに古樹であり、格別の存在感だっただろう。とりわけ、しかるべき場所にそびえる木であればこそなおさらである。

長福寺は今でこそ無住だが、案内板によれば、かつて10万石の格式を有する（相応の大名と同列の待遇を受ける）名刹だったらしい。その寺域を守護するようにそびえるスダジイは、地域の人たちにとって、子どものときから親しみ、老人になってもいまだそこにある、揺るぎない象徴（シンボルツリー）であったはずである。

突然この場に訪れた現代人から見れば、そのたたずまいは不気味にも思えるが、地元の人らにとってここは懐かしい記憶とともにある。千葉隆司学芸員によれば、この地域に昔から住んでいる今の70代から80代の人らは口々に、食糧難の時代にこのシイの実を食べ、木に登って遊んだ記憶を語るという。

事実、シイの実はアクが少なく、生でも食べられる木の実として、今でも〝縄文時代体験学習〟などで人気を博している。現代人が忘れてしまっただけで、スダジイははるか縄文の昔から人々に恵みをもたらしてきた近しい存在なのだ。

「このスダジイも、縄文海進（かいしん）（縄文時代の海水面上昇）以降の温暖化の名残りで、タブノキなどと並び、霞ヶ浦周辺の古くからの自然を物語っています」（千葉氏）。この木にまつわる記憶は、世代を超えてこの地域に染みついているのだ。

大シイを中心とする「ミニ八十八ヵ所」の“外周”を取り巻く弘法大師像。それらはみなシイノキを向いて並んでいる。

その古樹のたもとに四国八十八ヶ所のひとつが祀られ、88体の大師像が置かれたのは、理由を探すまでもなく、ごく自然なことだったかもしれない。結果、信仰の対象がここに集結することで、ひとつの磁場が形成される。その堅固さは、寺院そのものが廃寺同然となっても、ここが以前と変わらず残されていることですでに証明されている。

のみならず、ほかの移し霊場が廃れても、他所（よそ）のミニ霊場が顧みられなくなっても、ここだけは「現在も整然と保存され祀られている」のだ。今回の取材は図らずも、『出島村史〈続編〉』から40年以上経って、それを再確認することになったわけである。

その中軸たるスダジイが祖霊の依り代だと思わせるのは、ほかでもない、小堂におびただしく貼られた「百堂詣（巡礼）」の札である。

もともと四国八十八ヶ所の札所と新盆（初盆）の供養は何の関係もないが、スダジイの樹下に小堂が置かれたことで、「札ぶち」の格好の目標となった。

旧来、新盆行事はねんごろに営まれる。それは四十九日（しじゅうくにち）ののちに最初に迎える忌日（きにち）法要だからだが、そのタイミングは遺族にとって、故人の記憶がいまだ生々しい反面、離別の実感を突きつけられる場面でもある。

そこで行われる百堂詣という風習は、一見過剰にも映るが、その目的は故人の冥福を祈る追善の行事のひとつにほかならず、「百」の数も、できるだけ多くのホトケを供養し、善根を積むことで冥福を確かなものにする「多数作善（たすうさぜん）」の考え方に基づくものである。

それは見方を変えれば、いまだこの世とあの世の間を浮遊しているかもしれない亡者の霊魂の背中を押し、祖霊の世界に円満に帰還していくことを願う遺族の心情を代弁するものではなかっただろうか。

そんな思いに応えるかのように、「出島のシイ」は今も太い枝をぐいっと手前に伸ばし、故人の御霊を招き入れている。私にはそのように見えて仕方がないのだ。

「ミニ八十八ヵ所」の“内周”というべきシイノキのたもとには、地蔵尊や観音菩薩の石像が大シイを背にしてまばらに並んでいる。

堂々たるスダジイの巨樹だが、特筆すべきは、樹高20.7メートルに対して、枝張りが南北に33メートル、東方向に16.3メートルに及んでいる点だ。そして、根元近くの太枝を水平方向に伸ばしているのだが、近年は大枝の多くが伐られてやや迫力を減じている。

異形の守護神

賀恵淵（かえふち）のシイ（千葉県君津市）

尋常ならざる樹形という点では、この木に勝るものはないかもしれない。

ほんらい木に正面も表裏もないが、神木のなかにはここから拝めというポイントがある。この木の場合、写真の東側からのアングルだろう。

膝をついて見上げてみる。老婆のようにたるんだ襞（ひだ）をぎゅっと寄せ、重心を低くし、覆い被さってくるような圧倒的な存在感。外からこの構図を見れば、あたかも巨樹が全身を楯にして小人を守っているように見えるだろう。

事実、この木は川向こうからの風を受けて傾斜し、田んぼの風よけをするかのごとく横へ横へ枝を広げ、氏神の社や人々が集うお堂など、氏子らのささやかなよりどころを守りながら、結果として今の姿があるのだ。

改めて、巨樹が地域にもたらすものの意味を思わずにはいられない。そんな一本である。

（左ページ）小櫃川（おびつがわ）を背にして北東側に極端に傾斜している「賀恵淵のシイ」。木のたもとにある石碑には「浅間大神」と記され、八坂神社のお社が隣接。このほか南側には、月待ち行事が行われた「二十三夜堂」が残されている。

No.21

寂光寺本堂を守護するようにそびえるスダジイの巨樹(左ページも同)。幹回り9.8メートル、樹高約18メートル。正面(西側)の大枝を落としており、主幹に痛々しい跡を残している。天然記念物としての名称は「上野村ノ大椎」で、地元では「千年の大椎」と通称。文永の頃(13世紀後半)、日蓮聖人がここを訪れたときは境内の主木だったといわれている。

惚れ惚れとする雄姿

上野村(うえのむら)ノ大椎(おおじい)(千葉県勝浦市)

手書きの「千年の大椎」の標識に行き当たり、川を渡って段丘を上ると寂光寺(じゃっこうじ)の境内があらわれ、一本の大木に出迎えられた。

木の周囲を巡っているうち、あるアングル(東南側)で視線が釘付けとなった。その角度から視線に入ってくるスダジイの姿は、東大寺の仁王像のごとき逞しさ。重量挙げでリフトアップした瞬間を思わせる惚れ惚れとする“背中”である。事実、「大椎」は寺の守護者として長きにわたり仁王立ちしていたのだ。

今は無住の寺だが、きちんと人の手が入っている。村人は何かあればここへ来てシイノキを眺め、ひとときを過ごす。ここはそんな場所である(実際、撮影する私の背後で談笑に興じる墓参客がいた)。だから「寂光寺の」ではなく、「上野村ノ大椎」なのだろう。

No.22

そしてシイノキは残った

平久保(びりくぼ)のシイ（東京都多摩市）

ジブリアニメ『平成狸合戦ぽんぽこ』にいう「のっぺら丘」の多摩ニュータウンを歩いていると、クローンの植栽とは明らかに異なる、もくもくと沸き立つ樹冠が見えてきた。

その来歴については、当地の豪農の庭にあったとも、鎮守の森の神木であったともいわれているが、もはや判然としない。赤く塗られた祠は、そのたたずまいからして古樹に宿る地主神（地霊）のお社の風情である。「びりくぼ」とはこのあたりの古名で、「平らな窪地」を意味するが、そんな、地図から消えてしまった地名を今にとどめ、本来の自然をとどめる忘れ形見がこのスダジイなのだ。

斜面でおのれの巨体を支えるためか、シイノキの根は板根状(ばんこんじょう)に発達し、大きく露出している。あたかも山林を伐り崩していく大きな力に全力で抗っているようにも見える。

「平久保のシイ」は大小２本のスダジイからなる。写真の大きいほうは幹回り５・９メートルだが、数字以上に際立った印象を与える。推定樹齢は500〜600年という。

No.23

（左ページ）木の周辺は小さな公園となっており、地元の方たちに守られている。路地に面してコンクリートの鳥居があり、正面に大シイ、その奥には小祠ともう一本のスダジイが立っている。

野の大神 ――ケヤキ[欅]――

野間の大ケヤキ(大阪府能勢町)、八幡神社のケヤキ(野大神)(滋賀県長浜市)、根古屋神社の大ケヤキ(山梨県北杜市)

「蟻無宮」の神木ケヤキ

所在地は豊能郡能勢町野間稲地。

そこがどんな場所かは、何より地名が物語っているようだ。

大阪府の北端に位置する能勢町に野間という地名の盆地があり、その盆地の中央、野間川が支流と合わさるポイント近くにこんもりとした森が見える。

近づいてみればそれは森ではなく、一本の大ケヤキだった。

「樹齢千年以上と推定されるこの樹は、目通り(目の高さに相当する部分)の幹回り約14メートル、高さ30メートル、枝張り南北38メートル、東西約42メートルあり、一樹にしてよく社叢をなし、けやきとして大阪府下で一番、全国的にも第四番目を誇る巨樹である」(案内板)

その、まれに見る巨大な木は、ただのランドマークではなかった。

今も木のたもとに小社が祀られているが、大ケヤキを中心とする一画は、もともと「蟻無宮」という神社の境内だったという。推定樹齢が1000年レベルの巨樹ともなれば、神域だから木が守られたのか、巨樹ありきで神社が祀られたのかはもはやわからないが、この木が神木として特別視されてきたのはまちがいない。

「蟻無」とはほかでは聞いたことがない宮号だが、案内板によれば、「社庭の砂を請い受けて持

No.24

ち帰り、はたけもの（野菜）や屋内に散布すれば、蟻が退散するといい、その効験は遠くまで知れ渡っていた」という。だから蟻無の宮だというわけである。

その一方、もとは「有無宮」で、歌人として知られる紀貫之が祭神だったという説がある。

その由来は、貫之の次の歌にあるという。

「手に結ぶ　水に宿れる月影の　あるかなきかの　世にこそありけれ」（手にすくった水に映る月の影のように〈この世は〉あるかなきか、はかない世であることよ）

事実、江戸幕末期の『能勢東郷志』という史料には「此歌の詞にて名づけたるなるべし」とあり、「かかる由縁にて」「蟻ナシは有無なるべし」と書かれている。

だとすれば、なぜここに紀貫之が祀られたのか、大ケヤキとの因縁はどうだったのか。そのあたりはどうもよくわからない。

どこか腑に落ちないまま謎をさまよっていると、この大ケヤキから北東約5キロほどの位置に歌垣山と呼ばれる山があり、「日本三大歌垣の地」であったらしいとの情報が引っ掛かってきた。歌垣とは、男女のグループが即興で求愛の歌謡を交わし合う場のことである。そんな文化が息づいた場所だからこそ、平安時代の歌聖がここに祀られたのだろうか。

答えの糸口の見えない疑問はひとまず置いておこう。

そもそも「蟻無」か「有無」かは、それこそ枝葉末節であり、モノゴトの表層にすぎない。山々で仕切られた盆地を潤す川の合流点、つまりこの地域の扇の要というべき重要な場所に、尋常ならざる巨樹がある——その事実が何より重要だろう。

そんなシンボル樹であればこそ、さまざまな意味が与えられるのは道理である。

巷説では、その根は５００メートル離れた隣の集落まで伸び、水田の養分を吸っているといわれる。そのことを確認することは不可能だと思われるが、この巨樹に見合ったスケールとしては、ありうべき話だったのだろう。この伝説は、大ケヤキがこの土地を支配する王のごとく君臨する

「野間の大ケヤキ」（国指定天然記念物）。環境省値では幹回り12メートル、樹高25メートル。近畿地方を代表するケヤキで、まさに一木にして森をなしている。能勢町けやき資料館によれば、樹冠の投影面積は1,023平方メートル（畳620畳敷に相当）におよぶという（次ページも）。

とともに、この地の豊かさ（潜在力）を証明する存在であったことをも物語っている。
それだけでなく、地下に張り巡らされた根によって、この木は人間が知りえない情報を感知するセンサーとも目されていたようだ。実際、昔はこの木の春の芽吹きの良し悪しによってその年の豊凶が占われていたという。
こうして、この土地をつかさどり、人々の生産活動と不二一体（ふにいったい）の存在だった大ケヤキは、ねんごろに祀られることで、守護神としてのはたらきも期待されるようになる。先の「蟻除け」（ここでいう蟻とは、害虫の蟻巻（ありまき）すなわちアブラムシのことをいう）の習俗はその最たるものだろう。
事実、各戸で撒かれる社庭の砂は、祓えの呪力をもつものと認識され、その効験が期待されていた。なお、現在も毎年5月15日に五穀豊穣を願う「願込祭」と、9月15日の「願済」の行事がここで営まれているという。
反面、生きてはたらく御神木であればこそ、非礼に対しては容赦はない。
1989年3月、能勢町がこの国指定天然記念物の枯れている中央部の枝を伐ろうとしたところ、チェーンソーが発する熱で空洞部分に溜まっていた枯れ葉などの木くずが燃えだした。バケツ50杯ほどの水を掛けても火はやまず、ついに消防団が出動。火は消し止めたが、作業員が伐った枝でケガをしたという。そんなとき、地元民からは当然のごとくこんな言葉が漏れ出るのだ。
「神木を伐った罰やな」

ケヤキの葉が象徴する〝しるし〟

ケヤキの語源は、「普通とは著しく異なる、顕著に目立つ、他に抜きんでている」という意味の「けやけし」にあり、「けやけき木」の略だという。掌をいっぱいに広げたような樹勢も、しばしば巨樹に生長する性質も、確かにケヤキという樹種の存在感を際立たせている。

神木となる樹種にはスギのような針葉樹や、常緑のクスノキなどさまざまだが、落葉高木のケヤキもまたしかりである。とりわけ古代においては、ケヤキは「槻」の名で神聖視されており、大王（天皇）の王宮や官寺の境内にそびえ立つ槻の樹下で、重要な儀式や行事が催されていた。

『古事記』の雄略天皇記には、次のような有名な逸話が残っている。

――天皇が長谷の皇居（泊瀬朝倉宮）にある大ケヤキ（百枝槻）の下で新嘗祭後の宴会（豊楽）を催した。ある采女がお酌をしているときに葉が杯に浮かんでいたが、采女は気づかずなおも酒を注いだ。天皇はその粗相を見てたちまち怒り、采女をつかみ伏せて刀を抜いた。すると、采女は「申し上げたいことがあります」といい、次のような意味の歌を詠んだ。

「……宮殿の新嘗屋には、無数の枝葉を繁らせるケヤキの大樹があります。その上の枝は天を覆い、中ほどの枝は東国を覆い、下の枝は残りの隅々を覆っています。その上の枝から落ちた葉は落ちて中の枝にかかり、それが下の枝にかかって杯に落ち浮かびました。それはあたかも、天地が開かれたときの国生みの故事さながらの尊くめでたいことです。きっと後世語り草となるでしょう」（意訳）

まことに詩的な比喩がちりばめられた歌詞だが、まずは、ケヤキの枝葉が天を覆い、地の隅々まで覆い尽くすという表現に注目したい。そのおびただしく繁る樹勢が、そのまま世界の中心にそびえる世界樹さながらのスケールに拡大され、讃えられているのだ。

そしてその場面――。

新嘗祭といえば、〝稲の国〟日本の統治者にとってもっとも重要視される国家的祭祀であり、その後に催される「豊楽」は、国を挙げての収穫祭というべき饗宴の場である。

そこで、象徴的に「天皇の酒杯に浮かんだ一枚の槻の葉」がクローズアップされる。

いったんは雄略天皇の逆鱗に触れるものの、采女の歌で一転、場が和やかな空気に包まれたという。なぜか。歌によれば、ケヤキの落ち葉は、国の始まりを告げる故事に通じるからだという

ケヤキの紅葉。個体によってその色は異なり、赤や黄色に紅葉する。

のだ。それを物語る記紀神話の場面はこうだ。

〈イザナギとイザナミの2神は、漂っていた大地を完成させるよう、コトアマツ神（天地開闢のはじめに出現した神々）らに命じられ、天沼矛を与えられた。2神は天浮橋に立ち、矛で渾沌とした地上をかき混ぜると、矛から滴り落ちたものが積もってオノゴロ島となった。〉

ケヤキの落葉は、「矛から滴り落ちたもの」を思わせる。それはまさに、遠祖の神々から脈々と受け継がれてきた天命と感応する〝しるし〟であり、天皇の治世の繁栄を象徴するものだ。そう采女は詠んだのである。

では、それがなぜケヤキだったのだろうか。

ひとつには、ケヤキが人里にそびえる巨樹の代表であり、加えて、春に芽吹き、秋に色づき落葉する木だったからだろう。いうまでもなく、それは稲作の一年周期ともシンクロしている。とすれば、新嘗祭の時期とケヤキの落葉がぴったり重なるのは偶然ではなく、宮殿の新嘗屋（天皇が新嘗の儀を営む殿舎）のケヤキの大樹は、豊かな稔りと収穫を象徴する聖樹としてそこにあったのではないか。

ともあれ重要なことは、ケヤキの巨樹が象徴するものが広く認識され、広く共有されていたことだろう。野間の大ケヤキをめぐる話が何よりそれを証明している。

国道沿い四つ角に立つ「大神」

滋賀県長浜市高月町といえば、仏像好きなら誰でも知っている向源寺（渡岸寺観音堂）十一面観音立像のある町である。しかし、この高月町に日本彫刻史上の最高傑作とも評される名像と並び称されるべき（著者比）アイテムが存在していたことをついこの間まで知らなかった。

それは、関ケ原から琵琶湖の北を抜け、越前福井へとつづく国道365号沿いの四つ角に、突如姿をあらわした。

「野大神」。石柱にそう記された大ケヤキである。

ちょっと見たことのない景観である。立派な標石もさることながら、そもそも「大神」という称号で呼ばれる神木はほかではあまり聞いたことがない。

何よりそのルックスからして〝世の常ならぬ〟ものだ。ズドンと直立する幹は地上3～4メートルほどの高さでV字に分岐し、さらに何本もの枝を横に伸ばしており、横から見れば、さながら地面に置いた釣り鐘のよう。そびえ立つというより、鎮座坐（ましま）しているといった風情である。加えて、幹には大小さまざまなコブ。それらが、怪異にしてどこかユーモラスな表情を醸し出しているのだ。一度見たら忘れられない樹相である。

もうひとつ印象的なのが、幹の分岐部分に立てかけられた御幣である。物干し竿ほどの竹に挿された白い御幣は、ここが神の御座所（ござしょ）であることを誇らしげに表示している。

「野神（野大神）」とは一体何者だろうか。

関東在住の者にはなじみが薄いが、近畿地方の農村部では実は珍しくはないらしい。その多くは樹木を祀ったものというが、その神格はといえば、山の神や田の神、あるいは荒神（こうじん）などともキャラクターが被っているといい、いまひとつ輪郭がつかみづらい。

よくよく調べてみれば、旧高月町を中心とする湖北地方（おもに長浜市）で、野神、野大神、野上の森などと呼ばれるポイントを数えると、実に40を超えていた。

今試しに「高月町　野大神」でグーグル検索してみても、4か所出てくる。私が目の当たりにした野大神（「柏原の大ケヤキ」とも「八幡神社のケヤキ」とも呼ばれている）はそのひとつにすぎなかったのである。ちなみに、その樹種もケヤキだけではなく、うちふたつはスギの大神だったりする（「唐川（からかわ）の野大神」、「高野神社の野大神」）らしい。

知らなかっただけとはいえ、思わぬ広がりを見せる野神の信仰世界に途方に暮れそうになるが、

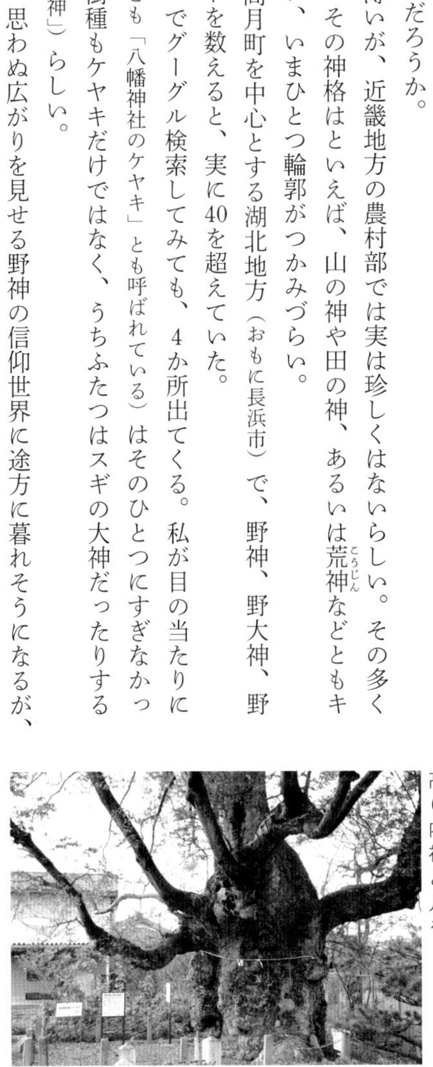

高月町柏原の「野大神」（滋賀県が設置した案内板によれば「八幡神社のケヤキ」）。ケヤキと縁が深い長浜市旧高月町を代表する「野神」を横から見た図。

野大神
保存樹指定樹木標識
ケヤキ
22m
8.96m
300年以上

この地がもともとケヤキと縁が深い土地だったのはまちがいない。
「高月」という地名は、かつて「高槻」であったという。
平安時代の終わり、公家で学者、歌人としても知られる大江匡房（おおえのまさふさ）がこの地を訪れ、月を愛で歌に詠んだことから高槻が高月に改められたとのことだが、もとは槻＝ケヤキの高木に由来する地名だった。
その証拠が、JR高月駅の近くに鎮座する神高槻（かみたかつき）神社である。
平安時代前期の公文書である『延喜式』にも記載されたこの古社は、奈良時代の天平年間、この地にあった槻の大木にアメノコヤネ神が降臨したという由緒を伝えている。その大木は現存しておらず、いつ失われたのかもわからないが、ケヤキなどの巨樹を祀る古くからの伝統は、湖北の各地に野神信仰として脈々と継承されていたのである。
そんななか、くだんの野大神こと「柏原の大ケヤキ／八幡神社のケヤキ」は、その大きさからして旧高月町の野神を代表する巨樹である。ちなみに、柏原はこの地の字名で、八幡神社はこの木の背後に境内を構える神社だが、このケヤキは神社の神木というより、それ自身独立した地域の守護神であり、柏原の野神と理解すべきだろう。
というのも、国道沿いに立っているこの木と同様、野神と呼ばれている木は四つ辻や田んぼの畔、集落の境などで多く見かけられるという。まさに「在野」の神。鎮守の森に鎮まるのではなく、日常の場に顕在するカミなのである。
とくに高月の野神は、農耕とりわけ稲の豊穣をつかさどる神であり、毎年8月16日に行われる野神祭は、集落の東側を流れる高時川（たかときがわ）灌漑と深くかかわっているといわれる。
事実、柏原の「野大神」は高時川から取水する灌漑用水の分岐点に所在しており、その印象的なコブの由来を伝える次のような〝神話〟が残っていた。
「高時川が氾濫しそうになったとき、その水を堰き止めるために、この木の枝を用いた。その跡

(右ページ)「野大神」(野神ケヤキ)を石標のある正面から拝した図。現地の説明板によれば、幹周8.2メートル、樹高22メートルで、樹齢は推定800年。竹竿の御幣(ごへい)を挿すのは、この地の野神祭祀に共通する作法のようだ。

が、今ある幹のコブである」

一対にそびえる「畑木」と「田木」

「高月町の『野神さん』についての考察」という論考にはこのようなことが書かれている。
「野神さんは、その位置から、①山麓と田地・集落との境の山麓側、②川や農業用水路の近く、の大きく2パターンに分類できる。①は、湖東・湖南にも共通するが、水稲稲作に必須の農業用水に対する感謝と、旱魃・水利・水争い・洪水の歴史と記憶を反映しているのであろう」（M. Yagi's Home Page）

手許の『漢語林』によれば、形声文字の「野」は「広くてのびやかな里」の意であるという。
一方、民俗学の柳田國男は、「野」を「山の麓の緩傾斜、普通に裾野と称するものが、之に当つて居る」（『地名の研究』）としている。

いずれにしても、山林が過半を占め、限られた土地を耕作することで糧を得てきた人々にとって、「野」で水利を得て、土地の潜在力を活かすことは生き延びる術のすべてだった。

そのため、土地の開拓者にとっては、先住の主ともいうべき土地の巨樹をねんごろに祀り、豊穣を祈ることは何にもまして優先されるべき事柄だった。野の神は農の神であるともいわれるが、そのシンボル・ツリーにケヤキが選ばれることが多いのは偶然ではなかったはずである。

＊

近年の市町村合併によって広大な面積を有する山梨県北杜市の旧須玉町江草という地域に、根古屋という小さな集落があり、根古屋神社のお社がある。その境内地は西に塩川を見下ろす傾斜地にあり、奥行きの取りづらい狭隘な場所にあるが、ここに目を見張る大ケヤキが2本あった。

それらは、狭い道に面して建つ本殿と神楽殿を挟むようにして一対でそびえている。

案内板によれば、向かって右が幹回り11・9メートル、左が10・1メートル。相当傷んでいるが、それでも間近で拝見すればその大きさにしばし開いた口がふさがらない。本殿を守護するように一対の木がそびえる様をときどき見ることがあるが、これだけのスケールを誇るものはほかにないだろう。

案内板によれば、両者とも樹齢は800年、『山梨県神社誌』では千数百年とある。いずれにせよ、神社が先だったのか、神木が先だったのか。あるいは、たまたま一対で生えていたのか、それとも意図して植樹されたのか。いろんな疑問が湧いてくるが、神社の由緒が明らかではないため、これらの疑問には答えを出しようがない。

ともあれ、一対であったために、ここならではの特殊な信仰が生まれた。

向かって右の木は「畑木」、左の木は「田木」と呼ばれている。地元では、春の時期にこの2本のどちらが早く芽吹くかでその年の豊凶を占う習わしがあったという。すなわち、畑木が先に芽吹けば畑が豊作、田木が先なら田が豊作というわけである。

そのことは江戸時代の文化11年（1814）に成立の『甲斐国志』にも記されており、古くから知られたことだったらしい。素朴な俗信のようにも思えるが、毎年の経験則によって相応の説得力があったのかもしれない。筆者としては、ここでもケヤキがセンサーとなり、土地と人々とのつながりを媒介している事実が感慨深い。

根古屋（根小屋とも）という地名は関東に多く見られ、いずれも、城や館が築かれた山の麓に築かれた下屋敷（しもやしき）に由来している。江草の根古屋も同様で、背後の山の頂には中世から戦国時代まで存続した獅子吼城（ししく）が築かれていた。

地図で見ると、そこが要害の地であったことがよくわかる。城のある山は、塩川と湯戸ノ沢と呼ばれる川の合流地点にこんもりそびえ、塩川を挟んだ向こうには甲斐と信州を結ぶ穂坂路（ほさかみち）（小尾（おび）街道）が延びている。

根古屋神社の社前より。手前左に「根古屋神社の大ケヤキ」の「田木」、神楽殿を挟んで右奥に「畑木」が見える。

根古屋神社の「畑木」(国指定天然記念物)。幹回り11.9メートル、樹高は21メートル。通りから見れば満身創痍だが、境内からのアングルでは雄偉なお姿。かたわらにはイワクラを思わせる巨岩も(左ページ)。

室町時代、甲斐武田氏の一族である江草氏がこの城を築き、烽火（のろし）ネットワークの中継基地として重要な役目を果たしたという。武田氏が滅亡したのちは北条氏が兵を置いたが、徳川家康の重臣・服部半蔵の率いる伊賀の夜襲によって攻め落とされ、それが甲斐国における最後の合戦になった。

根古屋地区は、もとは獅子吼城主・江草氏に連なる者たちが居を構え、生活物資を供給する拠点となっていたと思われる。

一方、軍事拠点だった城に対して、氏神を祀る根古屋神社は、領地を治めるための拠点だったのだろう。江草という地名が残る一帯がかつての領地だったかどうかは不明だが、城下の領民たちにとってのシンボルがこの大ケヤキであり、神社は一族の結束を深める場だったと思われる。

そう思わせる理由のひとつは、今も5月3日の例大祭で奉納される神楽である。

ほかの山間地域と同じく、人口減少に歯止めがかからないなか、近年、奉納神楽が復活。団員16名が結束して保存継承につとめているという。きらびやかな舞手の衣装は、地域で持ち寄った着物の端切れをもとに手作りされているともいう。

「天鈿女乃舞」、「猿田彦乃舞」、「剣乃舞」……演じられるのは24の演目。その次第は決して省略されることなく、伝統は厳格に守られている。

いうまでもなく、この時期はケヤキが旺盛に芽吹く頃と重なっている。

ずっと昔から、人々は笛太鼓の神楽の音色を聴きながらケヤキを見上げ、若葉の萌えるエネルギーを一身に浴びて一年に思いを巡らせていた。今や老樹は枯死を防ぐ治療があちこちに施され、痛ましくはあるものの、変わらず青々とした葉を繁らせている。神楽もケヤキも、この土地に生きている者たちにとっては決して絶やしてはいけないものなのである。

（右ページ）根古屋神社の「田木」（国指定天然記念物）。幹回り10.1メートル、樹高23メートル。「畑木」と同じく幹上部がカットされ、治療の跡も目立つが、しっかり若い枝を伸ばしている。

生と死の極致を見せつける野の大神

伊勢大神社の大ケヤキ（山梨県北杜市）

ご由緒によれば、伊勢大神社はヤマトタケルが東征の折に立ち寄り、この地に残していったアマテラス大神の霊代（神霊の依り代）を里人が祀ったことにはじまるという。

八ヶ岳の南麓、視界を大きくさえぎるもののない田園地帯に立つ大ケヤキは、周囲のどこからもよく見えるランドマークである。木の前に建つ社名の碑は、ご由緒の証がこの木だったことを仄めかしているかのよう。野太い幹はケヤキの老樹にありがちな化け物じみた異相で、長々と太い枝を伸ばすさまは、やはり「野の大神」と呼ぶべき威容である。そう思いながら背面に回ってみて驚いた。主幹の７割ほどが枯死し、その内部は焼け焦げた跡を残して空洞となっていたのだ。一木にして生と死の極致を見せつけるような、壮絶な樹相である。

表から見える旺盛な枝張りと裏の痛々しい損傷という対照的なコントラストを見せる大ケヤキ。幹回りは8.7メートル、樹高は19メートル、推定樹齢は800年という（案内板より）。

（左ページ）大ケヤキに寄り添うように建つ伊勢大神社。鳥居を潜った右側には甲斐地方特有の石神を思わせるイワクラもあり、古くからの神祀りの場だったことを思わせる。境内には根古屋神社と同じく立派な神楽殿もある。

No.25

日枝神社と大ケヤキ。さいたま市桜区大久保領家にあることから「大久保の大ケヤキ」と称される。日枝神社は旧領家村の鎮守社で、近隣の大久保氷川神社とは兄弟の神とされ、開拓の祖神として祀られている。

尋常ならざる由来伝承をもつ霊木

大久保の大ケヤキ（さいたま市桜区）

いわゆる武蔵野を代表する樹種はケヤキである。それは、武蔵国の総社・大國魂神社（東京都府中市）や一宮氷川神社（さいたま市）参道のケヤキ並木を見れば一目瞭然だろう。

本樹は、この近辺の字名となっている領家村の鎮守・日枝神社の鳥居裏に、門番のごとくそびえている。埼玉県内では最大のケヤキである。その怪異な樹相に目を奪われ、ふと案内板を見ると、「伝説に若狭の八百比丘尼が植えたとあり、またハバキ様とも呼ばれている」との文字。要するに、800年生きたとされる伝説のマレビトが、大和朝廷に追われた地主神（アラハバキ）を祀ったのがこのケヤキだった、ということだろうか。詳細は不明だが、そのような由来伝承でなくては収まりがつかない霊木なのはまちがいない。

(左ページ)埼玉県指定天然記念物の大ケヤキの幹回りは9.4メートル、樹高は約20メートル。幹の内部は落雷のためか広い空洞となっているが、樹勢は旺盛。樹肌にあらわれた無数のコブが印象的な表情をつくっている。

No.26

巨樹の懐から湧き出る生命の泉

水源の大ケヤキ（熊本県小国町）

熊本県の北端、小国町の中心地を流れる静川のほとりに所在する、奇跡の景観である。おそらく、数百年も前に樹下から水が湧出し、直近の根は水圧で断ち切られながらも横へ横へと根を伸ばし、ケヤキは水源と共存するに至ったのだろう。水面を覗くと、いまも旺盛に湧きつづける水に育まれ、無数の稚魚が泳ぎまわっている。

湧水池のほとりには祀られている水神は「福運を呼ぶ、けやき水源の水神様」と呼ばれている。案内板によれば、ここをお参りした人が富くじを引き当てたことをきっかけに、今も幸運の連鎖がつづいているのだという。末広がりの神木の懐から尽きることなく湧き出る泉は、開運やご利益の源泉にもなっているわけだ。まさしくパワースポットである。

大ケヤキと水神様。祠の脇にはエビス像も。「この水神様は福運を呼ぶと信じられ……戦地で命の助かった人、温泉を掘り当てた人、宝くじに当たった人など、福運の話が今日までつづいています」（案内板）。

（左ページ）末広がりの樹形をなす大ケヤキの樹下から水が湧き出る「水源の大ケヤキ」。環境省のデータによれば、目通りの幹回りは6.5メートル、樹高20メートル。

No.27

参道の奥で待ち受ける神域のヌシ

籾山八幡社の大ケヤキ（大分県竹田市）

「世界屈指の炭酸泉」として知られる大分・長湯温泉の北西3キロほどに籾山八幡社がある。その前身は、景行天皇が九州の土蜘蛛征討のために祈った三社（『日本書紀』）のひとつ・直入物部神社とされ、創祀はそれ以前というから、由緒の古さは相当なものだ。

その神さびた風情がたまらない。スギの巨木が苔むした石畳の参道の両側に連なり、歩を進めると、その奥にコブまみれのケヤキの大枝があらわれ、参詣者を手招きしている。数百年と思しき樹齢のスギを露払いにしてそびえる大ケヤキは、さまざまな宿り木を寄生させながら、なおも旺盛な枝ぶりを見せている。参道に向けてもっとも大きなコブを露出させ、その懐に古い石祠を抱いた大ケヤキは、この神域のヌシであることを誇示しているかのようだ。

籾山八幡社の参道。神域の入口である鳥居手前の左右に2本、石畳の参道の両側に6本立ちならぶ「籾山神社の杉並木」（市指定文化財）の奥に、大ケヤキが待ち受けている。

（左ページ）「籾山八幡社の大ケヤキ」（県指定天然記念物）。コブのみで横幅が4メートル、厚さ1メートルほどもあり、この木の威容を際立たせるとともに、そのくぼみに納められた古い石祠と一体化してひとつの景色をつくっている。
（138ページ）“正面”から拝する大ケヤキ。幹回り8.95メートル（コブ下根元の幹回り11.25メートル）で、樹高33メートル。地上7〜8メートルのあたりから幾本もの太いコブまみれの枝を放射状に伸ばし、壮観である。

No.28

【第二章】

ゆきゆきて神木旅

難波の世界樹

住吉大社の千年楠（大阪市住吉区）、薫蓋樟（大阪府門真市）、葛葉稲荷のクス（大阪府和泉市）、玉祖神社のくす（大阪府八尾市）

巨木伝説とクスノキ

巨樹の信仰は汎世界的に伝わっており、宇宙の軸としてそびえ立つ〝世界樹〟の神話も世界の各地に伝えられている。その代表が、北欧神話の「イグドラシル」と呼ばれる世界樹である。その樹は天と地（人間界）と地下の3つの領域を貫き、その中心軸をめぐって世界は破壊と再生をくり返している。そこに関与し、印象的に描かれているのが、人間界をぐるり取り巻く世界蛇（ヨルムンガルド）の存在である――。

日本にも、世界樹を思わせる巨木の伝説がある。

「仁徳天皇の御世、免寸河の西に一本の高い樹がありました。その樹の影は、朝日に当たれば淡道島（淡路島）にまで届き、夕日が当たれば高安山を越えました。あるとき、この樹を切って船を造ると、たいへん速い船が出来、その船の名は「枯野」と呼ばれました。そしてその船を用いて朝夕、淡道の清水を汲んで天皇に献上しました」

（『古事記』より、現代語訳）

その木陰が西は淡路島に届き、東は大阪と奈良の県境にそびえる高安山（標高488メートル）を超えたというから、そのスケールはまさに想像を絶するものがある。もちろん、そっくりそれが実在したとは思えないが、神話的な誇張はともかく、そ

No.29

北欧神話における世界図。中央にイグドラシルがそびえ、地を世界蛇がぐるり取り囲む(English translation of the Prose Edda from 1847, by Oluf Olufsen Bagge)。

のようなイメージを喚起させる巨樹はあったかもしれない。事実、その由緒地が大阪府高取町にあった。

同町の等乃伎神社の縁起によれば、「（古事記の伝説から）この地が古く先史時代の樹霊信仰と、高安山から昇る夏至の朝日を祭る弥生時代の祭祀場、つまり太陽信仰の聖地であった」のだという。今はそれを連想させるような巨樹は残っていないが、もしその祭祀を担った巨木があったとすれば、どんな樹種だったのだろうか。結論をいえば、おそらくクスノキである。

クスノキはもとは日本列島に自生する樹種ではなかったが、先史の時代、南方（おもに揚子江以南）から暖流に乗り渡ってきた人たちによって持ち込まれたと考えられている。

そのため、日本ではクスノキは深山・高山で自生しているのを見かけることは少なく、大木の多くは人里の近く、とくに社寺の境内（およびその社叢）に残っている。逆にいえば、境内地であったために大木として残り、結果、御神木になったともいえる。

古来、クスノキは船を建造する用材として多く用いられた。全国で発掘された古代の丸木舟のうち、大阪市内では全長10メートルを超す大型のものが出土しているが、それらの素材はすべてクスノキだったという（右の「枯野」も同様だったであろう）。ではなぜクスノキだったかといえば、日本で生育する樹木のうち、最も大きく育つ樹種だったからである。

そんなクスノキの来歴を物語るのが、住吉大社（大阪市住吉区）の社叢である。

同社は古墳時代（仁徳天皇の時代）の昔から要港だった住吉津の守護神として祀られ、航海の神として崇められてきた神社である。その境内には、「千年楠」（樹齢約１０００年）や「夫婦楠」（樹齢約８００年）をはじめ、クスの巨樹、老樹が多数残されている。

住吉大社は日本を代表する古社のひとつだが、もとはクスノキの森に宿る神を祀ることにはじまったのかもしれない。というのも、海をフィールドにする民にとって、航海を支え、その安全を左右する船はいわばクスノキの分霊であり、彼らにとって、クスノキは生殺与奪を握る存在だ

ったからである。

ちなみに、「千年楠」の根元には白蛇が棲みついていると言い伝えられており、白蛇とクスノキをモチーフにしたお守りも頒布されている。

豪快にのたうつ生ける大蛇

「日本の世界樹」の原イメージを探し求め、行き当たったのが三島(みしま)神社だった。大阪メトロの門真南駅で下車し、大都市近郊の印象に乏しい住宅街を地図を頼りに歩いていると、ほどなく、こんもりとした森が遠くに見えてきた。

だがそれは森ではなく、一本のクスノキだった。

住宅地のただ中に突如あらわれた樹のあまりの巨きさに、境内に入ってしばらくは動けなかった。境内の内に瑞垣(みずがき)に囲まれた神域があるが、大樹はその御垣内(みかきうち)に収まるどころか、四方八方に図太い枝をはみ出させている。瑞垣と御神木のスケールが完全にミスマッチをきたしている。

瑞垣の正面にはふたつの門があり、それぞれ本社と摂社につづいている。ところが、両社のあいだに立つ御神木の存在が大きすぎて、社殿が添え物のように見えてしまうのだ。今回の取材ではしばしば「神社が先か、神木が先か」という疑問に行き当たるが、こちらの場合まちがいなく後者だろう。

ともあれ、保護のために根元に立ち寄れない御神木も多いなか、間近に拝し、触れることもできるのは有り難い。巡回路の一部には木道が設置され、根のある部分には土砂が盛られるなどして、根を傷めないよう心配りもされている。

御神木には「薫蓋樟(くんがいしょう)」の名がある。由来は、江戸時代末の公卿(くぎょう)・千種有文(ちぐさありふみ)がしたためた和歌、

村雨の　雨やどりせし　唐土(もろこし)の　松におとらぬ　楠(くす)ぞこのくす

(右ページ)住吉大社の御神木、通称「千年楠」。幹回りは9.8メートル、樹高は18.5メートル。撮影＝大嶋俊樹(「フォートラベル」)

門真市・三島神社の御垣内にそびえ立つ「薫蓋樟」(国指定天然記念物)。幹回り12.5メートル、樹高約25メートル。案内板による推定樹齢は1000年(次ページも)。

御神燈
奉賽

の歌題によるらしい。薫蓋樟とは、クスノキが緑の蓋を掛けたように常緑の葉を繁らせ、特有の薫香（樟脳（しょうのう）というクスノキ由来の香り成分を含む）を放っているという意味だろう。

近づいてみてなお驚く。幹回り約13メートル。巨岩のような幹は、枝というには太すぎるそれを縦横に伸ばしている。「少なくとも１０００年以上の樹齢をもつ」（案内板）といい、主幹の内部は空洞になっているようだが、樹勢も樹肌も老樹のそれではない。鱗状の樹肌をもつ太枝が豪快にのたうつさまはさながら生ける大蛇（オロチ）のようだ。

大阪の北河内地域に位置するこの地は、太古、河内湾の海の底だったらしい。それがやがて川から運ばれる土砂と水の流入によって淡水化（河内湖）し、弥生時代以降になって人が定住しはじめたという。奈良時代には、度重なる淀川の洪水からこの土地を守るために日本最初の大規模な治水工事が行われている。とくに境内地のあたりは低湿地だったらしく、今も周辺にはいくつもの川が流れている。三島神社の社名の由来となった「三ツ島」という地名は、そこがどんな土地だったのかを物語るものだ。

おそらく当社は、地主の神として、クスノキが生い繁るこの場所を選んで創祀されたのだろう。巨木に生長するクスノキは、地元民にとって安定した豊かな大地を象徴する中心軸であり、依りどころとなるシンボル樹だったにちがいない。

案内板には、「大正年間初めて電灯がつけられたとき電柱を立てる邪魔者として枝先が切りはらわれ切った人が腹痛を起こして以来枝をはらうことも遠慮勝ちになった」（原文ママ）と書かれている。

神木の祟りとしてはややマイルドだが、それは住民と神木との良好な関係がそうさせているのかもしれない。

のち、１９３４年の室戸台風で大きな被害を受け、昭和の後半には宅地化や高速道路建設によって地下水が涸（か）れ、大枝が勢いを失って葉が黄ばむようになったという。そこで住民たちは保存

前ページの反対側からのアングル。瑞垣の内部には本殿のほか、稲荷社も祀られており、両社を詣でながら、木のまわりを一周し、直接樹肌に触れることもできる。

会を結成。境内に堀割をつくるなどの対策を講じた結果、何とか樹勢を回復させたという。

また、同案内板には「古くは根元に毎年四斗樽の酒をばらまいて肥料にする慣例であった」とも書かれている。

それはただの〝肥料〟だったのであろうか。

当社の主祭神はオオナムチ神。かつては山王権現と呼ばれたらしい。とすれば、そのルーツは大和（奈良県）の三輪山（大神神社）にある。三輪山の神（オオモノヌシ神＝オオナムチ神）といえば、酒を醸した神であり、蛇体にてあらわれるといわれている。また、大神神社には「巳の神杉」として拝まれる御神木があり、その供物として（蛇が好むとされる）タマゴと酒を献じる風習がある。であれば、オオナムチ神の神霊が宿るヒモロギ（依り代）である薫蓋樟の根元にも、かつては巳の神（蛇）が棲まうと考えられ、御神酒が供物として捧げられたのかもしれない。もしそうなら、薫蓋樟はより「世界樹」のイメージに近づくのだが……。あらゆるものを包み込むようなクスノキの樹冠を見ながら、そんな手前勝手なことを思う。

■白狐が棲まう2000年の老クス

クスノキが醸し出す神秘性、妖しき魅力を語るうえで外せないのが、信太森神社、通称・葛葉稲荷神社のそれである。

清少納言の随筆『枕草子』（平安中期成立）に、ひとつの主題で、興趣を催すワードを並べ立てる「づくしもの」の一節がある。そのひとつ「森は～」では、「大あらきの森。しのびの森。ここひの森。木枯らしの森。信太の森……」と、21の森が挙げられている。

そのひとつ「信太の森」は、平安の昔から有名なスポットだった。深い森を示す歌枕として、藤原定家、後鳥羽院、西行法師など、名だたる貴顕の歌にも詠まれている。

なぜ「信太の森」が注目されたのか。ひとつの理由は、この地が住吉大社から聖地・熊野に至る熊野街道の要衝だったことにあるという。平安の末には上皇の御幸（ぎょこう）が盛んとなり、中世には「蟻の熊野詣」と呼ばれる熊野詣の一大ブームが起こったが、信太森はその長い道中の印象深い「森」として、評判を呼んだのだろう。

ともあれ、ここは何かを思わせる特別な場所だった。

JR阪和線の北信太駅下車、徒歩4分ほどでその森にたどり着く。20数年ぶりの再訪である。そのときと比べると、森の影がやや薄くなったように思われる。聞けば、2018年9月の強風で、クスノキの枝がたくさん折れたのだという。

しかし、境内の中心に鎮座する老クスは、変わらぬ凄まじい樹相で出迎えてくれた。樹齢すでに2000余年という。根元よりふたつに分かれていることから、一名「夫婦楠」ともいい、枝ぶりが四方に繁茂していることから「千枝（ちえ）の楠」とも言い伝えられている。その称は1000年以上前の時代に花山（かざん）天皇（968～1008）より授与（「信太森千枝樟」）されたといい、当時すでに〝千枝〟であったことから樹齢が推定されているのだろう。老樹の存在感はいうまでもないが、実際は、既存の主幹が何らかの理由で倒壊し、同じ場所にあらたに生長した幹によって今日の姿になったとも考えられている。

老クスの手前には、2対の神狐像がはべり、上の巻物と宝珠をくわえた一対の間に石祠があり、「楠本大明神（白狐の神様）」の札が掛けられている。

実は、このカッコ付きで記されている白狐の奇譚が、信太森の名をさらに世に知らしめることになった。世にいう「葛の葉物語」（「信太妻（しのだづま）」）。平安時代の陰陽師・安倍晴明（あべのせいめい）の出生を説く異類婚姻譚であり、近世、さまざまな文芸ジャンルの題材となった話である。

*

その昔、阿倍野（あべの）の里にすまう安倍保名（あべのやすな）なる若者が信太の森へ日参（にっさん）していたが、ある日、狩人に

（左ページ）信太森葛葉稲荷神社の楠。一名「千枝の楠」。案内板によれば、幹回り11.0メートル、樹高21メートル。中央にあった主幹が失われたのちに二股に幹を伸ばしたものとも考えられている。上写真は正面から、下は背面から。

楠本大明神
（白狐の神様）

追われた一匹の白狐を助けて狩人らと争い、傷を負って意識を失った。気がつくと、そこにひとりの美しい女性。名を葛の葉といった。やがてふたりは夫婦となり、男子が5つの秋、添い寝していた葛の葉はふいにその正体であるキツネの姿をあらわしてしまい、しかし、口にくわえた筆で歌を書き置き去っていった。

「恋しくは　たづねきてみよ　和泉なる　信太の森の　うらみくずの葉」

保名が妻の名を呼びながら信太の森に来てみると、そこにあった葛の葉が泣くがごとく、葉裏を見せてざわめいた……。（抄訳）

＊

信太森は、古くから霊狐の巣窟として知られていた。江戸前期の記録には「中村庄屋屋敷の内、裏見葛葉あり、大藪あり、内に狐多く居住する。千枝の楠というあり、若之御前之宮あり、狐の穴多くあり」（『泉邦四県石高、寺社旧跡ならびに地侍伝』元禄9年〈1696〉）とある。

この「裏見葛葉あり」の文言は、すでに葛の葉狐（白狐）伝説が周知されていたことを物語る。そしていつしか、伝説と名木「千枝の楠」が結びつき、そのウロから白狐が出現したと考えられるようになったようだ。

ちなみに、狐が人に化ける、人に取り憑くといったイメージは、平安時代にはすでにあったとされ、やがてその神秘的な属性は稲荷信仰と結びつき、密教や陰陽道の呪法に取り込まれていった。安倍晴明の霊力は、クスの霊木に棲まう霊狐に由来すると考えられたのである。

老クスは、今は二股に分岐するあたりで大きく傷み、とくに向かって左に伸びた幹は往時の樹勢を失いつつある。その姿をぐるりと拝し、ついでこの境内に出入りした稲荷行者の修行場やお塚（行者が私的に奉納した石碑）、葛の葉狐ゆかりの姿見の井戸などを見ていると、「楠木龍王」なる比較的新しい石の社があり、その由来（楠木龍王二柱大神の由来）が記されていた。

「昭和53年6月5日夕方、大きな音が境内に響き渡った。千枝の大楠の大枝が折れて落下し、そ

「楠木大明神」の正面に連なる朱の鳥居。その脇には、浄瑠璃「芦屋道満大内鑑」の有名な一節「恋しくば尋ね来て見よ和泉なる信太の森のうらみ葛の葉」の石碑。

の直下の石燈籠までが砕けていたのである。境内に駆け付けた人々はこの惨状を見て呆然とした
が、ひとまずその場を片づけて一夜が過ぎ、翌朝に成田氏が大枝の切断を始めると大枝の下に2
体の白蛇が打ちひしがれ、すでに昇天されていた。その夜、成田氏が床に就こうとすると不思議
なことに龍神の姿が浮かび上がり眠れなかったため、翌朝 境内地に神殿を建立し、楠木龍王二
柱大神として祀ったという」

驚くことに、千枝の楠は霊狐の座(くら)であるのみならず、蛇神(龍神)の座でもあったということ
だろうか。ともあれ、霊獣の信仰としては狐より古い起源をもつ蛇神2体(柱)の出現は、信太
森の霊木に隠れたる〝ヌシ〟の正体が明かされてしまった事件だったのかもしれない。

■石棒〝生え出る〟御神体

大阪のクスノキ旅を締めくくるのは、八尾市神立(こうだち)の玉祖神社である。

近鉄信貴(しぎ)線の服部川(はっとりがわ)駅を下車。生駒山地の中腹に鎮座する玉祖神社に向かう参道は、やがて急
勾配の上り坂となる。その道すがら、地図を見ると周辺に数え切れないほどの古墳が点在してい
ることに気づいた。

八尾市立歴史民俗資料館の小谷利明館長によれば、「かつて八尾は日本の玄関口のひとつだっ
た」らしい。

はるか古代、河内湖を通じて西からやって来る船がこの地に上陸し、「今でいう倉庫街や大使
館が立ち並ぶ一帯だった」と館長はいう。東京近郊にすまう筆者には思いもよらなかったが、生
駒山地の西麓エリアは、古代王朝が築かれた河内(大阪南部)と大和(奈良)をブリッジする歴史
的に重要な意味をもつ地域だったようだ。

その斜面に石垣を築いて立ち並ぶ民家は、「神立の町なみ」として知られている。その見事な

玉祖神社の境内入口のクスノキ(「玉祖神社のくす」)。参道石段の脇から参詣者を見下ろすように立っており、地上からほどなくして3つに分幹している。

景観をぬって延びる参道は最後の急坂となり、息を切らして上ると、ようやく玉祖神社の鳥居と雄々しく立ち上がるクスノキに出迎えられた。

幹回り8・5メートルで、樹高は20・6メートル。神社本殿に通じる石段の脇にそびえ、見上げて拝すれば数字以上の存在感である。地上に出現してすぐ3本指を立てるように分岐し、うち1本は石段に向かって伸び、参詣者を招き入れているようにも見える。

しかしその裏側に回ると、驚くべき光景が待ち受けていた。

根元から数十センチのところで、クスの幹から石棒が〝生え出て〟いるのだ。表現としてはどうかと思われるが、そう形容したくなる〝御神体〟がそこにあった。

石棒には注連縄が巻かれ、その前にお供えのための平石が置かれていることから、それ自身が祀られているのがわかる。その有り様から、陰陽合体の相をあらわす性神として拝まれたのは当然のなりゆきだっただろう。ただ、当社の清水定男宮司によれば、神社として祭祀を行っているわけではなく、「体力が衰えてきた男性が撫でて拝んだり、女性なら子宝に恵まれるように拝んだり」と、個々人の信仰にまかせているとのことだ。

クスノキと石棒の結合は、現象としてみれば、クスの生長の過程で石棒を巻き込み、癒着・結合したことによるものだろう。とはいえ、そもそもこの石のオブジェは何だったのか、なぜそれがここにあったのか、もっといえば、石が先にあったのか、木が先だったのか……さまざまな疑問が湧くのだが、そのあたりは何も伝わっておらず不明である。

その形状と表面の摩滅具合からして、この石造物は相当古く、石碑のたぐいには見えない。あえていえば、神霊の依り代としての石神(しゃくじん)、あるいは陽石(男根形の石)や道祖神といったものを連想させるものだ。

ちなみに、古木の根元に石棒を祀るというスタイルは、信州(長野)諏訪のミシャグジ(石神)信仰にも見られるもので、それらは神霊(ミシャグジ)が木に降りて、石に宿るという信仰に基づ

(左ページ)「玉祖神社のくす」(府指定天然記念物)。幹回り8.5メートル、樹高20.6メートル。根元で"陽石(石棒)"を包みこんでおり、信仰の対象となっている。

くもの（『古代諏訪とミシャグジ祭政体の研究』）と考えられている。

文化的背景のちがいを考えれば、信州の民俗信仰のスタイルを河内のそれにあてはめるのは無理があるかもしれない。とはいえ、清水宮司も「（石棒は）拝む対象として置かれたものではないか」といい、ただの石ではなかったとみている。

であるならば、〈霊石＝ヒモロギと合体した御神体〉という理解で差し支えないだろう。

なお、玉祖神社は２０１０年に鎮座１３００年を迎えた古社である。社伝では、和銅３年（７１０）に周防（山口）の玉祖神社から分霊を勧請したとされ、玉造部の祖神とされる天明玉命（櫛明玉命）を祭神としている。

「不思議なことはいろいろあります」と宮司。

「その『一三〇〇年祭』のとき、神社の前に2匹のヘビが出てきたんですわ。あと、どこも風が吹いていないのにサーッと音がしたり。戦時中は、出征した息子の安全祈願で夜中1時に日参した結果、奇跡的に生還したという話も……」

またしてもヘビが出現――。聞けば、「クスノキの枝には巳さん（蛇神）がいてる」との言い伝えもあるという。そのお出ましは、神木に宿る神霊の御使いとして理解されたにちがいない。

夕刻、帰路につくべく参道を西に下ろうとしたとき、沈む夕日と眼下の大阪平野を一望する景色を目の当たりにし、思わず足が止まってしまった。

ここはやはり特別な場所なのだと直感する。

そういえば、本項冒頭で触れた大木伝説で語られる高安山は、ここからほど近い地点にあった。歴史的には難波・四天王寺と平城京を結ぶ十三街道の要所に位置し、少し下っていくと、この地域を代表する古墳が連なっている。そんな要衝にあってこの景観。

そこに、特別な御神木がそびえ立っていた。その意味は小さいものではなかっただろう。「神立」という地名もさもありなん。石棒の下には、からみ合う一対のミニ白蛇像が供えられていた。

玉祖神社から見下ろす落陽の大阪平野。広大な内湾が近くまで迫っていた往時に思いを馳せる。

近江の廃村と聖樹

三本杉、保月の地蔵杉（滋賀県多賀町）

No.30

神話の時代と今をつなぐ存在

神木のある光景をめぐる旅は、巨樹を捜索することからはじまるのだが、ときに、実測上ではさほどの巨樹ではないものの、気になる「場」として頭の隅に引っ掛かるものに出くわしたりする。今回はそのひとつを訪ねてみたときの話だ。

そこはどうやら、山の奥に入った廃村集落の近くらしい。容易ではなさそうだが、道があれば行けなくはないだろう。その程度の了見で分け入った場所が、滋賀県、湖東の山域だった。

＊

多賀町は、多賀大社の歴史とともにある町である。多賀大社は、俗謡で「お伊勢参らばお多賀へ参れ、お伊勢お多賀の子でござる」と歌われたように、伊勢のアマテラス大神の親神、イザナギ・イザナミの2柱を祀る名社である。

山道の起点は、その多賀大社の北東3キロにある調宮神社だった。同社は多賀大社の元宮といわれ、例大祭の御旅所となるポイントである。そして、そこから多賀大社の「はじまりの場所」へとつづいている。まずは、その場所に立っているという木を目指す。

『古事記』はこう伝えている。

イザナギはイザナミとともに国生みをし、その基になる神々を生んだのち、黄泉国でイザナミと決別。阿波岐原でミソギハライをし、アマテラス・ツクヨミ・スサノオの三貴子が生まれると、

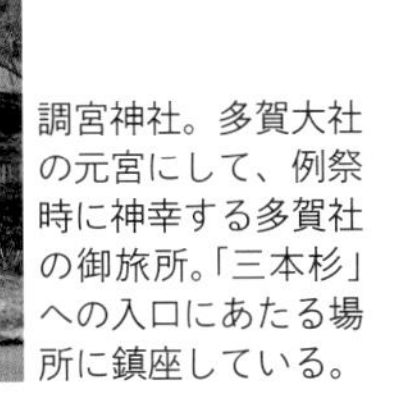

調宮神社。多賀大社の元宮にして、例祭時に神幸する多賀社の御旅所。「三本杉」への入口にあたる場所に鎮座している。

すべての聖業を終えた。そして、「淡海の多賀に坐」したという。
　つまり、神々の父祖であるイザナギは、最終的に「淡海（近江）の多賀」つまり、近江（滋賀県）の多賀大社にお鎮まりになったというわけである。
　だが、当の多賀大社では『古事記』には書かれていないその前史を伝えている。
　イザナギは、高天原から現社地の東にある杉坂峠に天降り、休憩したのち、土地の老人が献上した栗飯を召し上がった。そして食後、杉の箸を地面に突き刺したところ、それが根付き、大木に生長した。それが多賀大社の御神木「三本杉」（杉坂峠の大杉、栗栖のスギとも）の由来であると。
　古い由緒をもつ神社の多くは「はじまりの場所」を伝えているが、多賀大社の場合は杉坂峠（杉坂山）がそれにあたるわけである。そして、イザナギが杉箸を刺した場が神蹟として記憶され、そこに生えた木が神社のはじまりを再現する祭りの起点となる。
　多賀大社で行われる夏祭り「万灯祭」（8月3～5日）では、「三本杉」のたもとに祭壇が設えられ、そこで火を鑽り出すことから一連の祭りが執り行われるという。火はすなわち霊で、火を鑽り出すことは、神霊の御生れの再現である。
　ともあれ、「はじまりの場所」へと向かう県道139号（上石津多賀線）は、はじめて行く者に覚悟を問う道だった。舗装はされているものの、クルマ一台通るのがやっと。やがて山肌を縫うように上っていくのだが、切り立った急斜面にはタイヤひとつ分少々ぐらいの余裕しかない。対向車が来れば恐ろしい事態となるだろう。運転を任せた友人も気が気ではなかったらしい。
　やがて、峠にさしかかったところにわずかな駐車スペース（転回ポイントというべきか）があり、「多賀神木」と刻まれた石柱と「杉坂の御神木」の案内板があった。
　神木は、斜面を下ってすぐの場所にそびえていた。
「三本杉」と呼ばれるように、大木は地上3メートルぐらいで分岐し、さらに別の一本が癒着しているような格好である。合体木とも考えられているが、回り込むようにしてさらに斜面を下っ

クルマ一台通るのが精一杯な県道139号。ガードレールのない崖の道も。

(左ページ)県道を降りてほどなくあらわれる「三本杉」(滋賀県自然記念物としての名称は「来栖のスギ」)。幹回り11.9メートル、樹高37メートル。崖下から見上げるとその雄偉さが際立つ。

て見上げると、「三本」は一体となって天を突いていた。
その様を撮ろうとすればどうしても地面からあおるアングルとなり、結果、さながら両腕を高く掲げて威圧する巨人のごとき容貌に写ってしまう。とりわけ野性味を感じさせるのは、これが里の神木ではなく、山の神木だからかもしれない。畏怖とともに仰ぎ見られるべき御神木である。
古社の場合、最初に神が降り立った山を神聖視し、ときに禁足地（きんそくち）とされるが、そこにヒモロギとしての神木が現存しているケースはあまりない。そもそも古い由緒をもつ神社の草創は歴史以前にさかのぼるため、特別な例外をのぞけば、それに見合う樹齢を保つことは難しいのだ。
事実、県の案内板によれば、「多賀神木」の樹齢は４００年と推定（その根拠は不明だが）されており、多賀大社の草創とは時代的な辻褄は合わない。しかし、代替わりによって〝はじまりの神木〟が維持されたとも考えられよう。実は、杉坂峠の奥にかつて「杉」という集落があり、その住人らは「三本杉」を含む、杉坂の「多賀神木」を守ることを生業にしていたらしい。
それを思えば、「多賀神木」が神話の時代と今をつなぐ存在であることは変わらない。

廃村の峠に残されていた聖域

われわれは、峠のさらに奥へと向かった。途中、杉集落跡らしい場所も確認できたが、すでに人の気配はなかった。杉集落は、この先の保月（ほうづき）集落などとあわせ、かつて脇ヶ畑（わきがはた）村と呼ばれていたという。だが、１９５５年には多賀町に吸収合併される形で村はなくなり、ついに通年で居住する人はいなくなってしまった。
ネットを見ると、旧脇ヶ畑村の廃村集落は、この10年ほどでずいぶん様相を変えたようだ。当然だろう。人の手で保たれていた景観は、人の手が入らなくなったとたん、自然にふたたび呑み込まれる運命にある。ふつうはそうだ。

(右ページ)正面から拝する「三本杉」。多賀大社の神木とされるスギはかつて13本あったといい、今も4本あるという。そのなかでも最大の一本で、神木らしい威厳と山中ならではの野趣をともに感じさせる。

しかし、それをよしとしない人たちもいる。

杉集落跡を抜け、ふたたび上り勾配を進んだ先に、小さな地蔵堂があった。お堂そのものはささやかなものだが、花瓶には花が供えられ、祈りの場は今も往時のまま保たれている。集落の現状を考えれば、こんな地蔵堂が維持されていることじたい奇跡のように思えるのだが、それはともかく、目を見張るのは、お堂を取り囲み、ガードするようにそびえるスギの巨木である。

お堂の手前両脇に2本、幹回り5メートルほどのスギが仁王のごとく屹立。また背後には、根元近くで2本が合体癒着した大スギが天を突いている。手前には、鈴鹿山地に特徴的な石灰岩の白い岩が敷かれており、これらが一体となってひとつの「場」を形成しているのだ。

旧環境庁発行の『日本の巨樹・巨木林』には、「保月の地蔵杉」と紹介されている。巨樹・神木の観点では、これより大きい木はほかにもあるだろう。しかし場が醸し出すものは尋常ではない。それはスギそのものの存在感によるようにも、3本が密集してお堂を守護するようなレイアウトにあるようにも思える。長い時間をかけてつくられた景観であることはまちがいないが、自然に生まれたものではない。このような場として在り、今も大切にされているのは、何か特別な理由があったのではないだろうか。

格子越しに拝した地蔵菩薩は、もはやその容貌も判然としない。もとは野ざらしで置かれていたからかもしれない。山林に覆われているためにやや気づきにくいが、ここは南北の山に挟まれた鞍部に位置する峠であり、地蔵峠とも保月峠とも呼ばれていた。琵琶湖側から来る者にとっては保月集落の入口に位置し、石地蔵は集落の境を守護する道祖神のような存在だったとも考えられる。

しかし、案内板もなく、そこに秘められていた歴史を知る手がかりは皆無である。ところがふと花瓶に目を移すと、丸に十字の紋とこんな文字が記されていた。

「此の地より堺の港に至る島津勢退路二百キロ突破チェスト行け」

(左ページ)「保月の地蔵杉」。石地蔵を祀る小堂を護るように、手前の左右と堂の背後に立つ計3本の巨木スギ。スギとお堂がセットで祈りの空間を形づくっている。

「平成五年八月　第三十四回関ケ原戦跡……」

■「ほう(保)月村のお働き」とは

「島津勢退路」、「関ケ原の戦」といえば、世に知られた「島津の退き口」である。

――天下分け目の関ケ原の戦いで、島津義弘率いる島津勢は、東軍諸隊に囲まれて進退窮まり、後方退却ではなく敵中突破、つまり敵の本陣を突き抜けるという壮絶な退却戦を選択した。これにより最大1500人（諸説あり）を数えたとされる島津勢は、最終的に80人ほどに減ったとされるが、大将の義弘は無事鹿児島に帰還を果たした。

以後、このときの逸話は、島津薩摩の勇猛果敢な精神の象徴として語りつがれている。「チェスト」は、その精神を一言であらわす鹿児島県人なら誰でも知っている合い言葉である……そのことは知っていたが、こんなところで出くわすとは思いもよらなかった。要するにここは、「島津の退き口」の由緒地ということだろうか。

調べてみれば、確かにそうだった。こんな話が伝わっている。

義弘と島津隊の一行は、多大な犠牲を払いながらも関ケ原から南下する伊勢街道をひた走っていた。その道中、先に落城した岐阜城を退去して生国の近江に帰る途中の小林新太郎という武士と出会ったという。そして彼の誘導によって一行は岐阜と滋賀の県境に位置する五僧峠から旧脇ケ畑村の保月などを通過し、山麓に下って高宮（滋賀県彦根市高宮町）に出たといわれている（このため、このルートを島津越えともいう）。

島津義弘と小林新太郎は、ともに東軍と対峙し退くことを余儀なくされた者同士である。まさに奇縁というほかなかったのだろう。のちに義弘はこんな手紙を新太郎に送っている。

「この度山路のご案内、ほう月村でのお働き、高宮河原での寄宿、兵糧の召下しなどいたし方神

島津の退き口（島津越え）のルート。島津隊は途中、本隊と殿（しんがり）隊に分かれ、時村で合流、五僧峠を越え、保月から杉坂峠を経て多賀に至ったとされる。

妙の至りである。当座の印に持参の渡筒鉄砲を贈る」（小林家に残る「忠平」〈義弘の幼名〉の花押入り感状より）

島津勢の決死の脱出行が、小林新太郎の助けなしには成就しなかったことは、この感状が何より物語っている。ともあれ、筆者としては義弘があえて「ほう（保）月村でのお働き」と記したことに注目したい。その中身は不明だが、以下につづく寄宿や兵糧（食料調達）とは分けて書かれていることから、それ以外の何かだったと考えられる。

なお、手紙では鉄砲を贈ったとあるが、謝礼はそれだけではなかった。後で知ったことだが、くだんの3本の杉は「薩摩杉」とも呼ばれており、島津家（もしくは薩摩藩）から感謝の意を込めて贈られたものと伝えられているのだ。

つまり、尋常ならざる場の景観は、薩摩とのかかわりで生まれたのである。

では、なぜここだったのか。「多賀町史編纂を考える委員会」の近藤英治氏は、「ここに杉が植えられたのは、保月との関連と地形的なこと、そして地蔵堂があったからなのでしょう」と推察するも、「薩摩杉がここに植えられる経緯は不明」だという。手がかりは皆無だが、先の感状に着目すれば、「ほう（保）月村でのお働き」がそこに深く関わっていたと考えるのが自然だろう。

殉死者の霊に寄り添う神杉

ここからは筆者の推測だが、この地蔵堂で、島津義弘の甥・豊久を含む、「退き口」にて犠牲となった兵士多数の霊を弔うための法要が営まれたのではないだろうか。

この退却戦でとられた戦法は「捨て奸」と呼ばれている。退路に小部隊を留まらせて追撃の軍と戦い、全滅すればまたあらたな小部隊を残し、足止めをさせる間に本隊を逃げ切らせるという壮絶な置き捨て作戦である。このとき、捨て奸の要員は、義弘や家老らに指名された者よりも志

「地蔵杉」の3本のうち最大のものは地蔵堂の背後のそれで、根元近くで2本が癒着し、あたかもお堂を護るための様な樹形である。

願者のほうが多かったともいわれる。

それだけに、生き残った者たちの犠牲者を悼む思いは痛切なものがあったはずである。彼らの冥福を祈ることなしに逃げ延びることは、人の情として忍びなかっただろう。筆者はそう考え、追悼の儀式を行うとすれば、五僧越え（島津越え）を経て追撃の手を免れたこのタイミングしかなかったように思えるのだ。

ちなみに、地蔵菩薩は、あらゆる輪廻の境涯にあっても衆生を救済する仏尊であり、修羅（戦闘）に生き、阿弥陀仏の救済にあずかるすべのない武士の〝後生の大事〟を託すべきホトケである。ここで何らかの「お働き」があったとすれば、地蔵菩薩への供養を通じて、その功徳を犠牲者の成仏に振り向ける回向法要が営まれ、その執行のために小林新太郎が保月村僧俗の協力を仰いだ——ということではなかっただろうか。

あえてそんな場面を想定したくなるのは、薩摩杉が醸し出すこの景観には、それに見合う理由（由緒縁起）があったにちがいないという思いからである。

ここでいう「薩摩杉」とは「薩摩のスギ」という意味だろう。その原点は、霧島神宮の御神木（霧島スギ）にある。そこから株分けされたスギは、島津家および薩摩藩を守護する神の分霊でもあっただろう。だとすれば、それが地蔵堂を守護するように植樹された理由は、〈殉死した島津隊の御霊は故郷のたましいとともにある〉ことをあらわすためだったと思えてならない。

なお、地蔵杉がつなぐ薩摩と保月集落の縁に関しては、もうひとつ触れておくべきことがある。先の花瓶の文字についてである。そこに銘記されていたのは、島津義弘公ゆかりの鹿児島県日置市で昭和35年（1960）から毎年夏に行われている「関ケ原戦跡踏破隊」の事跡であった。

それは、日置市の小学5年生から中学1年生までの子どもたちを中心に組織され、関ケ原合戦の故地や薩摩藩縁の地を訪ねまわり、郷土の英雄を讃える行事で、そのハイライトは、島津勢退路の道中を2日がかりで追体験する合計75キロの踏破行である。

2019年で60回を迎えたその行事は、受け入れる側の岐阜や滋賀の各地域でもすっかり定着し、行く先々で歓迎行事やお接待がなされている。保月でも同様、久しく廃村状態にあり、通年で居住する人がいなくなった今、このときばかりは止まっていた時間が動き出すように活気がよみがえるのだ。

「『お！来やったで！』の声。予定時刻から少し遅れた15時45分頃、五僧越えの道を上ってくる関ケ原踏破隊の一行の姿が見えてきた。『チェスト行け関ケ原』ののぼりと、全員が島津藩の家紋の入った竹製の陣笠をかぶっているので、遠くから見てもすぐにわかる」（近藤英治氏のブログより）

こうして保月の人たちの出迎えを受けた踏破隊は、今も旧村民らで維持されている照西寺で茶菓子の接待を受け、しばしの休憩ののち、地蔵峠に向かう。そして、地蔵堂の前で隊によって代々受け継がれた祭文が読みあげられるのである。

近藤氏によれば、当初、関ケ原踏破隊は地元の人に知らされずにはじまり、保月の人たちも陣笠の一行を不思議そうに眺めていたという。ところが、2度目のときにちょうど地蔵盆のためにここに集まっていた（当時はいた）子どもらと一行が出会い、仲良くなったことを契機に、多賀町と伊集院町（現・日置市）の姉妹都市提携につながっていったのだという。

保月の人たちにとっても、地蔵堂は大切な存在だった。

『脇ヶ畑史話』によれば、この地蔵尊はとくに「乳地蔵」として知られ、母乳の少ない親がこの地蔵に願を掛ければお乳を授かるとして、遠く京都や大阪からも参詣者を集めていたという。

廃村地域にひっそりと残された地蔵堂と大スギは、400年もの時を経て不思議な縁を幾重も重ねて今日に至っている。そして薩摩と保月の人たちの思いに応えるかのように、目を見張らせる景観を今もとどめているのである。

「関ケ原戦跡踏破隊」が地蔵堂前に供えた献花の花瓶。そこに記された文字が四百数十年前の故事と地蔵杉を結びつけてくれた。

隠岐・島後の怪樹

岩倉の乳房杉、大山神社の神木、かぶら杉、玉若酢命神社の八百杉（島根県隠岐の島町）

No.31

「失われた世界」に独り立つ乳房杉

結局のところ、私が見たいと思っているのは、平板で標準化された世界にさざ波を立てるような違和感や、ふいに歴史の落とし穴にはまるような戸惑いを体験させてくれるものであったりする。有り体ないい方をすれば、見たことのないもの、想像もつかなかった世界。それが高い確率で潜んでいる場所が〝離島〟である。

たった一本の木を見るために島に渡る。悪くない思いつきだが、やや思い切りが要る。今回は幸い同伴者と仲間に恵まれ、隠岐諸島最大の島、島後（全島が隠岐の島町）行きが叶った。ところが、初上陸、せっかくの機会と欲張ってしまう取材ライターの悪癖で、結局は在島時間4時間足らずのあいだに、4か所を巡ることになった。見たのは4本のスギである。

感想をひと言で要約すれば、めくるめくような巡礼体験だった。駆け足で巡っただけに、いまだ驚きと感動に理解が追いついていかないが、ひとついえるのは、4本いずれも異なる個性をもち、それぞれ隠岐の自然と歴史、そして信仰文化を体現していたということである。

＊

松江市七類港からフェリーで2時間半。島後の西郷港に近づくと、この島の主峰・大満寺山が見えてくる。その向こう側、山の北麓に、今回の渡島を決心させた木がある。

国道485号から県道に入り、銚子ダムの先を右折して林道を進む。林道は、大満寺山（標高

七類港を出航したフェリーから望む、隠岐・島後の西郷港の入口。

608メートル）とその北側の鷲ヶ峰（563メートル）に挟まれた谷筋の道である。曲がりくねった道を進み森のなかへ入ると、やがて右手にゴロゴロとした石塊で覆われた異様な景観があらわれ、ふいにあらわれた看板が目的地であることを教えてくれた。

クルマを降りると、ぞくぞくするような冷気を感じた。雨が降りだしていたが、天気が急変したわけではない。なぜだろうと思う間もなく、先にクルマを降りた同行者が「うおお」と声を上げていた。後を追うと、道路沿いの鳥居の奥、20〜30メートルほど先の斜面に、一本の木が怪物さながらの奇態でそそり立っていた。

SF『失われた世界』を思い起こさせる異空間。そこに独り立つ「岩倉の乳房杉」は、社殿も何もない岩倉神社の御神体として祀られている。

根拠は不明ながら、樹齢800年という。案内板によれば、地上数メートルのところから上に向かって15本の幹に分かれており、大小24個の乳房状の下垂根を枝に下げている。その最大のものは長さ2・5メートル、周囲2・2メートルにも達しており、年々少しずつ伸張しているとのことである。

「J」の字形の枝をたくさん生やすのは、日本海側に多く見られるウラスギの特徴で、積雪の重みと冬期の日照不足に適応した樹勢と考えられているが、このように「乳房状の下垂根」を垂らしたスギはほかに例を見ないものだ。

その尋常ならざる容貌は、どうやらこの地の特異な環境によって生じたらしい。

目の前の斜面は大満寺山の北麓にあたるが、もともとこの山は玄武岩からなる溶岩丘で、てっぺんから崩れ落ちてきた岩が不規則に積み重なってガレ場(ば)をなしている。このため表土に乏しく、まばらに生えている雑木のほかは、コゴミに似たシダ類（オシダ）などで占められている。もともとスギが根を張って生長するには過酷すぎる条件なのだ。

なお、この玄武岩のガレ場は「岩倉風穴(ふうけつ)」とも呼ばれており、豊富な地下水によって冷やされ

林道沿いにあらわれる岩倉神社の鳥居。その20メートルほど先に、「岩倉の乳房杉」（県指定天然記念物）の威容が目に飛び込んできた（次ページも）。幹回り9.6メートル、樹高38メートル。伝承では樹齢800年と伝えている。

た空気が岩の隙間から絶え間なく吹き出ている。クルマを降りたとたんに感じた冷気の正体がそれだ。その冷気が対馬海流によって運ばれた暖気とぶつかって霧を多発させ、その景観をより神秘的に演出しているのだが、実はその自然条件が「乳房状の下垂根」を生んだといわれている。つまり、地中の根のはたらきを補い、空気中の水分を吸収するため、もうひとつの根を発達させたと考えられているのである。

こうして不安定なガレ場に拠って立ち、800年ほどの風雪に耐えてきた異形の老樹が御神木とされ、母乳の神として崇められたのは、自然の成りゆきだったのだろう。

だが、それがなぜ「岩倉神社」だったのか。ふいにそんな疑問にかられて調べてみたところ、『隠岐の文化財（第2号）』にこんな伝承が記されていた。

かつて鷲ヶ峰の屛風(びょうぶ)状に切り立った断崖は「鷲ヶ峰の岩倉」（神宿る岩＝磐座）として崇められ、山域にある天然杉のうち最大級の一本が神木として祀られていた。あるときこの地の天然杉を伐ることになり、伐採をはじめたところ、大音響とともにその神木が忽然と消えてしまった。あわてた里人は神木を捜索したが見つからず、代わりに（大満寺山麓の）〝形の変わった大スギ〟を発見した。里人はこれを神木が移動変形したとみなし、以来、「岩倉の神木」として祀った（要約）。

別の資料には、岩倉神社の祭祀のはじまりを「大正末期、奥部天然杉の払い下げの頃から」とする証言もある（『大山神社祭礼布施の山祭り調査報告書』）。奥部天然杉とは、鷲ヶ峰周辺に今も多く残る天然杉のことであり、「払い下げ」と右の「伐採」が同時期の出来事であるとすれば、ふたつの話は符合する。これらが示唆するのは、「乳房杉」が今から約100年前に〝発見〟されたということである。

神社といっても、この神域は鳥居が立ち、神木に注連縄を巡らせ、根元に小さな御幣が立てられる以外、いっさい人の手が加えられていない。それはこの島の人々の山の神を祀る流儀なのだろう。そのおかげで、われわれも今、かつての島民と同じ驚きと発見を追体験できるのである。

右の伝承は、むやみに天然のスギを伐ることは山の神の意に背くことであり、〝神の不在〟をも招く一大事だったことを物語っている。

古の祭りの原点を思わせる光景

興味深いのは、〈山の神の祭祀＝その山を代表する一本の木を御神体として祀る〉というそのスタイルである。隠岐は必ずしも歴史から取り残された辺境の地ではなく、古代より中央政府から重んじられた海上の要衝だったのだが、一方で、列島本土では失われた原始的な神祀りの流儀を今も変わらず伝えている。その代表が、次に行く大山神社（隠岐の島町布施）である。

乳房杉から林道をそのまま東に下っていくと、20分少々で道路脇に立つ大山神社の鳥居に迎えられる。くぐると一対の石灯籠があり、境内と思しき広場がある。しかしそこにあるのはたった一本のスギだった。ほかには清々しいほど何もない。

スギの神木にぐるぐると巻き付けられているのは、カズラと呼ばれる山から伐り出された木性のツルである。そしてその正面には高さ2メートル超の大幣（おおぬさ）がドンと差し込まれ、その脇には荒縄に挿された幾本もの御幣も見える。まさに、巨大なヒモロギ（神の依り代）そのものである。

われわれの常識では、神の住まいである社殿をして神社とみなしているが、上古においては常設の社殿はなく、神祀りの場にそのつど神を招いて（降ろして）祭りが行われた。そんな古の祭りの原点を思わせる光景が目の前にある――。

とりわけ印象的なのが、山の神ならではの野趣を醸し出しているカズラだろう。神木に巻き付けるものといえばワラを撚（よ）った注連縄が一般的だが、カズラはより原始的な呪物を思わせる。

ちなみに、カズラといえば、『古事記』に、アメノウズメが天（あめ）の岩屋戸（いわやど）で「天のマサキをカズラとして」アマテラス大神を招いたという一節が思い起こされる。ここでいう「マサキ」は、ツ

大山神社の境内入口。林道沿いに鳥居があり、ほどなく、一対の石灯籠が建つ空間があらわれ、“御神体”がその姿を見せる。

ルマサキ（ツル性の植物で岩や木を這い登る性質がある）のこととされ、ウズメはそれを冠状に頭に被り、神招（かみお）ぎのダンスを踊ったとされている。

ここではマサキを植物のツル、カズラをそれを用いた被り物としているが、古今集などの古典では「マサキノカズラ（真拆の葛）」は植物の名称として用いられている。興味深いのは、布施地区でもカズラのことをマサキノカズラと称しており（「大山神社祭礼布施の山祭り調査報告書」）、都の文化とのつながりを匂わせていることだ。カズラを用いる神木祭祀は、隠岐でも旧布施村周辺以外では見られなくなっているが、辺境の離島であるがゆえに、世に忘れられた古の流儀が保持されているのかもしれない。

神木のスギそのものも、山域を代表する一本にふさわしい。幹回り7メートル、樹高は50メートルに達し、一直線に天を突くさまはまさに〝御柱（みはしら）〟である。その樹相は太平洋側に多く分布するオモテスギの特徴で、もとは植林のために島外から持ち込まれた樹種だろうか。その点、隠岐・島後の自然に適応した乳房杉とは好対照である。

ちなみにその祭場（大山神社境内）は、乳房杉の岩倉神社と同じくきわめて簡素だが、こちらは決して手つかずの場ではない。長いあいだカミ祀りの場として維持されてきたことを思わせる空間である。後で知ったことだが、われわれが詣でたのは、「布施の山祭り」と呼ばれる大山神社例祭の1週間後だった。その祭りのクライマックスが、毎年4月初丑（うし）の日に行われる「帯締め」の神事で、その様子が動画でネットにアップされていた。

――布施集落の男衆らは、この日集合場所である春日神社の社務所に集まり、朝酒をして大山神社のある山中の南谷へと向かう。御神木のかたわらには前日の「帯断ち」で山中から伐り出されたカズラが用意されており、その端を神木に結びつけてカズラを7巻き半巻き付ける「帯締め」が行われる。このとき、30名ほどの男衆が横一列に並んでカズラを摑み、木遣（きや）り歌に合わせてカズラを激しく揺らす。するとカズラの中ほどを持った若衆が勢いあまって転げ回り、それを

（左ページ）大山神社の杉。4月上旬の「布施の山祭り」で、山から伐りだしたカズラ（サルナシのつた）を新たに7回り半巻き付け、2メートル超の大御幣や榊などが挿しこまれ（帯締め神事）て、御神体となる。

観客の子どもらが枯れ葉を投げつけて囃(はや)し立てるのがお約束である……。

水田に恵まれなかった布施地区では、かつて林業を生業とし、山に依存して生活を営んできた。山開きの時期に行われるこの行事は、山の神を新たに迎えるとともに、カズラを介して神と一体となる喜びをあらわす、泥臭くもどこか懐かしい祭りである。

異相にして造形美を誇るウラスギ

3つ目に詣でた「かぶら杉」は、前二者とまったく印象の異なる異形の巨樹だった。どうすればこのような樹形になるのだろう。地面から生え出た野太い幹が、ほどなく6本に分岐し、それぞれがたがいに距離をとるようにいったん外にせり出し、そこからぐっと湾曲して垂直に伸びている。その圧倒的な存在感とともに、異相ながら均整の取れた造形美を感じさせる見事な一本である。

なお、「かぶら杉」の名の由来は不明とのことだが、鏑矢(かぶらや)の形をしているからとも、株立ち（ひと株の根元から数本の枝が立ち上がる樹形）の木だからともいわれる。どっしりとした根元と株立ちのさまは、根菜のカブ（カブラ）に似ていなくもない。

巨樹写真家の高橋弘氏によれば、かぶら杉は京都の「台杉(だいすぎ)」とほぼ同じような成長過程をたどったらしい。ちなみに、台杉とは京都の北山で考案された杉の育苗技法で、植林後の最初の枝打ちでいちばん根元の枝だけを残し、のち主幹をカットするという技法をくり返すことで、株元から多数の枝を生長させ、一本の木から幾本もの材を得るという方法である。

だとすれば、天然のスギであっても、何らかの条件によって主幹が失われる事態となれば、その生長エネルギーが脇の枝に向けられ、「かぶら杉」のような樹形になりうるわけである。加えて、かたわらに流れている沢水が、この巨樹の生長を支えたもうひとつの条件だったのだろう。

(左ページ)「中村のかぶら杉」(県指定天然記念物)。分岐する6本を合わせた幹回りは9.3メートル(高橋弘氏によれば10.8メートル)、樹高は38メートル(同、42メートル)。推定樹齢は600年とされる。

ただし、台杉状の生長が可能となるのは、日本海側に多く自生するスギの変種、ウラスギ（アシウスギ）ならではのことかもしれない。
隠岐のウラスギについては、「隠岐ユネスコ世界ジオパーク」のサイトに、こんな興味深いことが書かれていた。隠岐では、「植林で植えられている太平洋側のオモテスギの他に、隠岐に元からあった日本海側のウラスギ、そして隠岐独特のウラスギとオモテスギの両方の特徴が混ざりあった杉などが混在して」いるという。この現象の裏には何があったのか。遺伝子レベルの研究によって、次のように推測されているという。
「今から約2万年前の最終氷期、海水面の低下によって隠岐は島根半島と陸続きになりました。気温の低下に伴い、寒く乾燥した本州内陸では生育できなくなった杉が日本海側の中でも特に海に突き出た隠岐へと逃避していったのです。その後、温暖化にともなって、隠岐で生き延びた杉はまだ陸続きになっていた隠岐海峡を通って日本海側に広がっていったと考えられています」
つまり、氷河期以前からあった（原種の）スギが、逃避先の隠岐で厳しい気候に適応し、本州内陸に逆流・伝播していった――のであれば、今あるウラスギのルーツは隠岐にあり、「乳房杉」や「かぶら杉」は、その由緒正しい末裔だったということになる。

八百比丘尼（やおびくに）のタマシイが宿る神木

最後に詣でたのは、かつての隠岐国総社・玉若酢命神社である。
西郷港や西郷町（さいごうちょう）市街地からも遠くない場所だが、どこか時間が止まったような静かなたたずまいである。鳥居の先には茅葺きの随神門（ずいじんもん）があり、境内のかたわらには「重要文化財／隠岐國駅鈴（えきれい）　正倉印」の標識が立つ茅葺きの億岐（おき）家住宅（宝物殿）が見える。
今から120年以上前、小泉八雲（こいずみやくも）ことラフカディオ・ハーンはこう書いている。

「その神社の位置は、その神聖な木立に囲まれて、色んな色の山脈が縁取りして居る風景の中にあって、うつとりする程印象的である。……その門前に、高さは著しいものでは無いが、周囲は實(じつ)に驚くべき有名な杉がある。地面から二碼(ヤード)（約183センチ）の処でその周囲が四十五呎(フィート)（13・72メートル）ある。この杉がこの聖地へその名を與(あた)へて居るのである。すなはち隠岐の百姓は決して玉若酢神社とは言はずに、ただ『オホスギ』と言って居る」（『知られぬ日本の面影 下』カッコ内は筆者補足）

隠岐を代表する神社の代名詞にもなった「オオスギ」は、随神門のすぐ先にやや参道側に傾いて立っていた。通称を「八百杉」という。

よくぞ生きておられた、そう声を掛けたくなる老大樹である。樹齢は1000年とも2000年以上ともいわれるが、これは要するに、見当もつかないほど古いの意味だろう。確かに、数百年レベルのスギとはあきらかに風合いを異にしている。

その枝葉の特徴から、この木もウラスギといわれている。ウラスギにしては珍しく、直立する主幹の印象が強いが、聞けば、近年の台風で根元近くの大枝が折れてしまっていたらしい。ということは、往時は湾曲するたくましい枝をもっと横に広げ、山形の樹冠を形成していたのだろう。

今はその豪壮さはやや影を潜め、幾本もの太い鉄パイプに支えられて長すぎる晩年を送っている。そのお姿はお労(いたわ)しい限りだが、それでもこれほどの木であれば手厚い看護はご甘受いただくほかない。何しろ、このスギは弥生時代から隠岐諸島の中枢だったといわれる「場」の、唯一の生き証人だったからである。

玉若酢命神社の後背地にはこの地の首長墓を思わせる古墳群が控え、当社の宮司家である億岐家（現在もその子孫が宮司を継いでいる）は、645年の大化の改新以前から隠岐の国造(くにのみやつこ)家であったとされる。ちなみに、億岐家は出雲大社に祀られるオオクニヌシの後裔とされ、国造廃止後も国司として隠岐国に君臨したという。億岐家の家宝にして重要文化財の「駅鈴」と「正倉印」は、その動かぬ証拠である。

そして、このスギは古くから島の守護神として信仰の対象でもあった。参道側の樹肌は、人の手の届く範囲だけがその赤茶色を薄め、光沢している。多くの人がこの木と結縁したいと触ったためだろう。ちなみに小泉八雲は、「この木の材木で造った箸で物を食ふ者は決して歯痛を病まず、且つ非常な高齢まで生きるといふ」（前掲著）と聞き伝えている。

八雲が伝えるこの長寿のご利益は、「八百杉」という名前と無関係ではないようだ。

「しまね観光ナビ」にはこう書かれている。

「八百杉、あるいは総社杉と呼ばれるこの大杉は、その昔、若狭の国から、人魚の肉を食べて、老いることを知らない比丘尼がやってきて、総社に参詣し、後々の形見にと杉の苗を植えた。そして『８００年たったら、またここに来よう』と言ったということから八百比丘尼杉と呼ばれ、いつしか『八百杉』と呼ばれるようになった」

ここで唐突にあらわれる比丘尼（尼僧）の話は、世にいう「八百比丘尼伝説」のバリエーションのひとつである。著者は以前、八百比丘尼の伝説を伝える各地を訪ねてルポしたことがある（拙著『ミステリーな仏像』所収）が、さすがに隠岐はノーマークだった。

八百比丘尼とは何者か。

ゆかりの地・空印寺（くういんじ）（福井県小浜市（おばま））の「略縁起」（明治42年と奥付にあり）によれば、若狭の長者の姫君として白雉（はくち）5年（６５４）に生まれたが、16歳のときに白髪の翁（龍王の化身）から人魚の肉を与えられ、以来、幾百年たっても16の頃の容貌のまま変わることはなかったという。そして、１２０の齢を迎えて髪を剃り、諸国巡遊の旅に出立。ここに50年、かしこに１００年と居住しては仏堂や神社をつくり、道路を開き、橋を架け、五穀樹木の繁殖法を教え、神仏の道を説いた。そして宝徳元年（１４４９）、京都・清水に滞在したのち故郷に戻り、御歳８００歳を迎えて空印寺境内の大巌窟にて入定（にゅうじょう）した（亡くなった）――という。

八百比丘尼像
（空印寺蔵）。

玉若酢命神社境内の「八百杉」(国指定天然記念物)。玉若酢命とは、この島の開拓にかかわる神とされ、かつて当社は、隠岐国内の神々を合祀する総社だったといわれる。
ちなみに、『隠岐乃家苞』(隠岐島庁、大正５年)には、八百杉に関するこんな伝説が記されている。「村老が語るには、昔小蛇がいて、木の根に空いた穴をねぐらにしていた。のちにそのウロがふさがれ、出ることができなくなったが、今も暖かで穏やかな日は蛇のいびきが聞こえるといい、それを聞いた人は少なくないという」(要約)

このため、八百比丘尼とも八百姫とも長寿の尼とも呼ばれたと「略縁起」は伝えている。
もとより伝説の真偽を問うのはナンセンスだが、ここで筆者が注目したのは、〈室町時代の宝徳元年、京都に「８００歳の老尼」があらわれた〉という記事が複数の文書にあることと、その伝説が飛び火する形で全国各地に根を下ろしていることだった。
このため、私は拙著で「不老不死伝説を語り（騙り）、諸国を巡りながら祈禱と護符の配布をする〝若狭の比丘尼〟が複数存在していた」だろうと推測している。
一方、隠岐の「八百杉」の伝承として伝えている「８００年たったら～」のくだりは、八百比丘尼の名前にすり寄せた後付けだと思われるし、そもそも「八百杉」の名称も、類を見ない巨樹の時間軸を、「数え切れないほど」「たくさん」を意味する「八百」と形容したにすぎなかったのではないか。そう思わなくもない。
また一方で、八百比丘尼伝説が人々に信じられ、語り継がれていてもおかしくなかったとも思う。というのも、八百比丘尼は典型的なマレビト（異界から来訪する異人、または神人）であり、隠岐は昔から多くのマレビトが寄りつく島だったからである。
この島々は、古くは渤海（ぼっかい）や新羅からの使節、平安時代以降は都を追われた貴人（小野篁（おののたかむら））や異端の武人（藤原千晴（ふじわらのちはる）、平致頼（たいらのむねより）ら）、中世にはときの上皇や天皇（後鳥羽上皇、後醍醐天皇）までをも迎え入れてきた歴史をもつ。隠岐はいわば、中央の統治が及ばないアジール（無縁所（むえんじょ））であり、その文化は島外から来訪した異人たちによって彩られてきた。
そんな土地であればこそ、尋常ならざる巨樹に八百比丘尼のタマシイが宿るという発想は馴染みやすかったのではないだろうか。その一方で、来訪者であるわれわれは、隠岐の巨樹・怪樹に、本州の神木にはない樹霊の存在を感じずにはいられなかったのである。

(右ページ)「八百杉」は、幹回りは9.9メートル、樹高約30メートル、樹齢は推定千数百年とされる。その樹肌は、一千年超の老スギ特有の風合いを呈し、その大きさも相まって、見る者に深い印象を与える。

No.32

香取海（かとりのうみ）とタブノキ

波崎（はさき）の大タブ（茨城県神栖（かみす）市）、府馬（ふま）の大クス（千葉県香取市）、中里（なかざと）道祖神のタブノキ（千葉県成田市）

唯一無二の容貌を取り囲む石仏たち

今は神栖市になっている茨城県の波崎には、ずいぶん昔に海水浴に来たことがあるが、一面の砂浜と外海ならではの押し引きの強い波の記憶しか残っていない。まさかこんなことで再訪するとは思わなかったが、どうしても拝しておかねばならない一本の木がそこにあった。

関東平野の最東端に位置する千葉県の銚子市から、利根川河口に架かる銚子大橋を渡ればそこが波崎である。舎利寺前というバス停を降りると、舎利寺こと神善寺（じんぜんじ）の赤門に迎えられる。門をくぐると、すぐ左手に「波崎の大タブ」があった。

ほかの巨樹の前でもそうだったが、やはりここでも、しばらくはただ呆然と眺めるばかりだった。

これは一体何の生き物だろう。幹回り8・1メートルを計測する立派な巨樹にはちがいないのだが、地上3メートルほどで幾本もの太枝が分岐し、自由すぎるほどに長く伸びている。資料によれば、樹高15メートルに対して、枝張りは実に、東西に約30メートル、南北に約20メートル。ざっくりとした印象だが、神社の神木が垂直方向を指向するのに対し、寺院のそれは水平に向かうものが多い。それは神道と仏教の本質にかかわる気もするが、その問いはひとまず脇に置いておこう。

（左ページ）「波崎の大タブ」（県指定天然記念物）。大きなコブを張り出し、異相をあらわにするタブノキとそれを拝む石像（弘法大師像）が独特の信仰的景観をつくりだしている。

主幹は高さこそないが、唯一無二の容貌である。何より太鼓腹のように張り出した半球状のコブはどうだ。ご丁寧に出ベソのような突起もある。その下には、タコ足のような根元。宿り木のツバキがちょうど開花しており、文字どおり花を添えている。

木に対して、なぜそのような容姿なのかを問うても答えは得られないが、そのようなお姿であればこそ、拝する人間は勝手にさまざまな思いを抱く。

こうして信仰的景観が生まれるのだが、ここで特徴的なのは、タブノキを取り囲む石仏群である。その数は60を数えるという。それらはすべてお大師さん（弘法大師空海）の像で、みな木のほうを向いて並んでいる。大師像には花が供えられているが、その石仏はタブノキを拝んでいるのである。

なぜそうなっているのだろうか。

筆者はのちに同じ茨城県のかすみがうら市「出島のシイ」で似たような景観と出逢った（100ページ）。スダジイと向き合うように並べられた石仏群はやはり弘法大師の像で、それらはミニ四国八十八ヶ所霊場を形成していた。しかし住職によれば、神善寺のそれは四国霊場の雛形ではなく、寺の檀家や崇敬者が信仰心で奉納したものが集まったのだという。

話を総合すれば、結局はタブノキの信仰へとつながっていくようだ。

地元の人はこの木を大クスと呼び（タブノキの多くは「クス」と混同されている）、崇めていた。よく知られていたのは火伏せ（防火）の霊験で、江戸の天明年間（1781〜1789）にこの地方に大火が発生し、付近に火の手が迫ってきたとき、この木が延焼の危機を食い止めたという。そしてその霊験は、太平洋戦争末期の空襲でも遺憾なく発揮された。「当時を知る古老は『焼夷弾はきれいに落ちたが、まるでこの木を避けたようだった。不思議なこともあるもんです』と証言していた」（『新 日本名木100選』）。このためこのタブノキは「火伏せのクス」として知られ、神善寺ではかねてより家内安全や厄除けを祈願する「火伏せの護摩」が行われてきたという。

(右ページ)根元近くの堂々たる威容に加え、柱に支えられながらも水平方向に長く伸びた大枝が印象的な大タブ(上)。境内のご本尊というべき異相の大タブと、それと向き合う弘法大師の石像、そして花を手向ける人の祈りが加わって、独特の祈りの場が形成されている(下)。

ちなみに、奉納された大師像はもとは境内に散在していたというが、戦前のある時期に現在のように集められたのだという。住職はいう。

「（その理由は）お大師さんに『タブノキを見守ってください、この木をお守りください』ということだったかと思います」

つまり、弘法大師の加持力（祈りの力）に託し、神木の守護を祈念したということだろうか。だとすれば、右の〝空襲除け〟の事実によって、タブノキは信者らの思いに見事応えたという結果になる。神木への信仰と弘法大師信仰が結びついたきわめて希有な例というほかないが、ともあれ、タブノキと石仏の不思議な配列には、それに見合うだけの理由があったのである。

漂着神の依り代にして漂着民の目印

「波崎の大タブ」の樹齢は、住職がいうには約１１００年、案内板には１０００年とある。一方、神善寺の創建は天喜年（１０５６）、貞祐という僧侶が高野山からこの地に来て開山したと伝わる。つまり、最初にタブノキありきだったわけである。

神善寺のある神栖市波崎のあたりは、古くは海に囲まれた島だった。それが利根川（江戸以前は香取海と呼ばれる内湾だった）からの堆積と鹿島灘の沿岸流によって砂嘴が形成され、現在の地形になった。「波崎」の名は、その地形から鳥の「羽先」とも刀の「刃先」に由来するといわれるが、もちろん波が打ち寄せるミサキであり、常陸（茨城）の東南端の「端崎」でもあった。また、寺の周辺を舎利地区というが、もとは舎利（仏舎利のこと）ではなく「砂里」であったという。

そのような場所にタブの森があるのは、ある意味自然なことだった。

「（タブノキは）常緑高木。日本の暖帯林の主要樹種である。本州、四国、九州、沖縄、小笠原、台湾、朝鮮、中国南部に生育する。……いつも青々勇壮な大木で、まさに常緑濶葉樹（広葉樹）

神善寺の門前。タブノキが大きく枝を張り出して参詣者を迎える。

の代表である。地下に海水の浸入する潮入地にも適するので海岸に多く潮風にも強く防風防砂に良く病害虫にも強い」（『木偏百樹』カッコ内は筆者注）

南方由来のタブノキは、シイ・カシ類と同じく、縄文時代早期の温暖化にともない、暖流に運ばれる形で沿岸沿いに分布を広げた樹種である。この時期〝原日本人〟というべき人々もまた、常緑広葉樹にやや遅れて生存域を海岸沿いに拡大させたと考えられている。

民俗学・国文学者の折口信夫によれば、タブノキは漂着神の依り代であり、海を渡ってきた祖先の漂着地の印だったという。

「我々の祖たちが漂着した海岸は、たぶの木の杜に近いところであつた。其処の渚の砂を踏みしめて先、感じたものは青海の大きな拡がりと妣の国への追慕とであつたらう」（「上世日本の文学」）

折口のその着想は、能登半島の海岸沿いに鎮座する氣多大社の神域「入らずの森」のタブ林を見たことがきっかけだった。すなわち、氣多大社の祭神・オオクニヌシはタブノキを目印に漂着し、祖神となってタブの森に鎮まったのであると。

さて、時代は下り、高野山から来た僧・貞祐もまた、タブノキを発見して砂里（舎利）の浜に漂着し、そのたもとに仏堂を構えた。ちなみに、神善寺の北に益田神社というかつて同一の境内だった鎮守の社があり、その社叢もタブ林だった。

波崎の地域史を書いたものを参照すると、その陸化が本格化したのは鎌倉時代に入ってからで、以後も砂漠だったこの地で農地などの土地利用は皆無であったという。そんななか、「波崎のタブ」は「青々勇壮な大木」でありつづけ、神善寺は鎌倉時代の釈迦涅槃像を伝えるこの地域唯一の古刹として今日に至っている。

波崎の人のタブノキに寄せる強い思いは何に由来するのだろうか。

それは、砂だらけの過酷な環境のなかで懸命に生命をつないできた人々の記憶にかか

古代の関東平野東部は、太平洋から湾入し香取神宮の目前まで海（香取海）が広がっていた（※国土地理院の電子国土Webを元に作成）。

わっているのかもしれない。あえていうならば、火伏せの霊験はもとより、古の昔からそこにあるもっとも信頼に足る守護神が「波崎のタブ」だった。そういうことではなかっただろうか。

氏神に先んじて鎮まった〝御柱〟

銚子に戻り、ＪＲ成田線で利根川流域を遡上し、小見川駅で下車。バスで府馬方面に向かう。15分ほどすると水田地帯にせり出すこんもりとした高台があらわれた。

そこは中世の時代、千葉氏の流れを汲む国分氏の支族・府馬氏の城郭が築かれた場所だった。いかにも中世の山城らしいロケーションだが、その主郭からやや引っ込んだ東南にもうひとつの台地（山ノ下城跡にあたる）が隣接しており、地図には星勝神社、氏神様、九頭龍権現、宇賀神社といった社寺の名が見える。

「府馬の大クス」は、その府馬城の出城というべき台地の頂にそびえている。宝亀4年（773）に創建されたというこの地区でもっとも古い由緒をもつ宇賀神社の神木であり、国指定天然記念物。『日本一の巨木図鑑』（宮誠而著）に「日本一のタブノキ」と紹介されている銘木である。

名称に齟齬がある理由は、文化庁が天然記念物に指定する際、実際はタブノキであるものの、波崎と同様、地元では「大クス」の名で通っていたためその名称で登録されたのだという。

タブノキが照葉樹林の代表樹とされながらも一般の認識が低いのは、俗にイヌグス、タマグスなどと呼ばれ、クスノキと混同されたためである。さらに、タモやタビなど、地域によって名称が異なっていることも理由に挙げられている。

ただ、名称はどうあれ、途方もない年月を風雨に耐えてきた者のみが醸し出す風情がこの木にはある。樹高約16メートルに対して、根回りは実に約28メートル（千葉県教育委員会による）。老境に入っても、うねうねと地面から露出した根が大地をしっかと摑み、不撓不屈を体現している。

「府馬の大クス」（国指定天然記念物）。案内板によれば推定樹齢は1300〜1500年という。宇賀神社のかたわらにそびえ、お社に向かってやや傾いで参詣者に木陰を提供している。

かつてはもっと鬱蒼としたタブの森だったのだろう。だが今は境内裏側の木々が切り払われて展望台が設置されている。そこから見下ろす景観は、かつて「麻績千丈ヶ谷（おみせんじょうがやつ）」と讃えられたという。台地と谷戸（やと）によって形成されたこの地域にあって、まれに広大に開けた谷間をあらわす美称である。

そこは今でこそ水田で覆われているが、江戸時代以前は香取海と呼ばれる内海が入り込んでいた。つまりこの台地は、かつて香取海を望む海辺の高台だったのだ。

そこに、いつの頃からかタブノキ（大クス）が〝寄りついた〟。

その樹齢は1300年という（1500年とも）。もちろん正確な年数はわからないが、宇賀神社の創祀をややさかのぼる年代に設定されているのがポイントかもしれない。つまり、「府馬の大クス」は、地域の氏神に先んじてこの地に鎮まった〝御柱〟なのである。

「大クス」のほど近くに「子クス」と呼ばれるタブノキがある。これは「大クス」の枝が垂れ落ちて地面に達し、そこで根を張って生長したものという（江戸時代末の『下総名勝図絵』に往時のさまが描かれている）。また、木のたもとに正徳元年（1711）の銘が刻まれた石の祠が祀られているが、すでに根の間に埋もれかかっている。1300年もの間ここにある「大クス」自身、さまざま歴史を重ねて今の姿があるのだ。

その周囲を巡りながら写真のアングルを見定めていると、ある場所ではっとさせられた。

杖をついた老樹がたくさんの生命を背負って踏ん張っている——。

いや杖ではなく、古い枝を支える石柱なのだが、「大クス」はそれに寄りかかり、全身にツタや苔をまとわせ、無数のヤドリギに養分を与えながら何とか立っていた。そう見えてしまったのである。そんな切なげな〝背中〟を見ながら、神木の境涯（きょうがい）といったものを思わずにはいられなかったのである。

『下総名勝図絵』に描かれた江戸時代の府馬の大クス。当時、子グスとつながっていた様子を伝えている（国書刊行会の復刻版より転載）。
（次ページ）子グスのある“裏側”に回って大クスを拝する。注連縄の下、根元近くで埋もれるように石祠が残されている。

おびただしい数の道祖神とタブノキ

波崎にはじまるタブノキ旅は、そろそろ夕刻を迎えようとしていた。しかし、どうしても見ておきたい場所がもう一か所あった。ＪＲ成田線の滑河(なめがわ)駅で下車し、急ぎタクシーで南東方向に向かう。やや迷いながら脇道に入ると、唐突に「中里の道祖神」があらわれた。

鳥居の先はなだらかな塚になっており、塚の上にタブの大木、そのたもとに祠が祀られている。そして何と、塚全体がおびただしい数のミニサイズの祠で覆われているのだ。

これは一体どういうことだろう。少なくとも逢魔が時にひとりで見るべき光景ではない。よく見れば、ミニ石祠のなかには「道祖神」の文字が彫られたものもある。とすれば、これらもみな道祖神なのだろうか。ではなぜここに集められたのだろうか。あるいは捨てられたのだろうか。その意味するところがまったくわからない。

とりあえずネット周辺で調べてみたところ、いくつかヒントが得られた。

一、手水鉢(ちょうずばち)の脇に道標があり、３つの側面に「此方　小野 大和田 滑河」、「此方　七澤 名古屋…」、「此方　青山 倉水 成井 本大須賀」と記されている。これらはみな成田市（旧下総町(しもふさまち)）周辺の地名で、北西方向、南西方向、南東方向を指している。

二、ミニ石祠は十数センチから20センチほどの大きさで、形はさまざま。年号が記されているのものがあり、それらはほとんどが江戸時代の文化年間（１８０４～１８１８）である。

三、『下総町史（民俗編・第1集）』に中里道祖神と思われる場所がこう書かれている。

「道祖神　字原大間戸（一八一）　猿田彦命　足の悪い人が参拝する。また、現在三峰講はここを中心に行われる」（以上、ブログ「成田に吹く風」を参照）

現在も成田市中里で地図検索をすると、地区の中心に十字路があり、その交差点近くにこの道

(左ページ)「中里道祖神のタブノキ」。幹回り5.1メートル、樹高14メートル。タブノキのたもとにおびただしい数の石造の道祖神が供えられ、石祠が祀られている。手前には立派な鳥居も建っている。

祖神が所在している。一によれば、かつてはT字路の辻（道が交差した場所）だったのだろう。今もそうだが、以前もここは集落の外れ、村の境だったと思われる。また、三によれば、この道祖神はサルタヒコを祀ったもので、足の病に効く神として信仰されていたことがうかがえる。

道祖神は道陸神（どうろくじん）とも呼ばれ、一般には塞（さい）の神、つまり村や集落の境にあって、外から襲いくる疫病神や悪霊の侵入を防ぐ神として知られている。また、サルタヒコはしばしば道祖神として祀られており、日本神話では天降りする神々を「天の八衢（あめのやちまた）」（道が分岐する地点）で出迎え、導いたことから、衢の神、旅人を守る神、道案内の神、さらには足腰の神としても信仰されている。

おそらく、ミニ石祠は足腰の病平癒、あるいは健脚祈願として奉納されたのだろう。

足の神（神名はさまざまだが）に草鞋（わらじ）などを奉納して祈願する信仰は全国各地にある。石の祠を奉納する習俗はあまり聞かないが、サルタヒコ＝道祖神の信仰の証として石祠をこしらえ、しかるべき場所に納めて祈願するというスタイルは、下総のあたりでは珍しくはないのかもしれない。前記の二にあるように、それが文化年間頃に集中したとすれば、この時期に流行神として爆発的な人気を集めたとも考えられる。

なお、このタブノキの樹齢は200〜300年と推定されている。ちょうど文化年間からそれ以前の100年にかけての年代である。だとすれば、江戸時代の後半のこの時期にタブノキを依り代とした道祖神の祭祀がはじまったのかもしれない。そう考えれば辻褄も合う。

ただし、タブノキはたまたま小塚の上に生えたのか、塚の造築とともに植樹されたのか、だとすればなぜタブノキ（イヌグス）だったのか、それ以前は何もなかったのか。まだ何となく収まりのつかない思いがくすぶるが、それは致し方ない。

ともあれ、その中心樹としてそびえるタブノキは、まだまだ若々しく生長過程である。古くより魂が宿る木とされてきたタブがこれからどんな樹相になっていくのか、もし叶うのであれば、数百年後にまた見てみたいものだと思う。

奉納された道祖神。「道祖神」と記されているものもあるが、多くはない。形も、祠型のほか、位牌のような形のものもある。それらが蝟集することで独特の場の景観をつくっている。

【第三章】

こんな木を見てきた

山の魔物と12本の御印（みしるし）

十二本ヤス（青森県五所川原（ごしょがわら）市）

爆発的に多数の枝を放出する巨樹

知らない土地の森は、恐ろしい。

その恐ろしさが何に由来するのかはわからないし、どう恐ろしいのかはうまく説明できない。不意にそのことを思い知らされるだけだ。

青森県の観光案内によれば、「（津軽鉄道）金木（かなぎ）駅よりタクシーで片道20分＋待ち時間30分＋戻り片道20分でタクシー料金往復５０００円程度（タクシー会社と要相談）」とある。そこでたいした心の準備なしに駅前でタクシーを拾う。「そんなに多くないが、たまにそういうお客を乗せる」というドライバーは、お構いなしに山の奥へと進んでいった。

もしひとりだったら、途中で不安になり、引き返していたかもしれない。そんな山道だった。ただ最近は、グーグルマップにその名称が載っていれば、わりあいどこでも行けてしまう。市の文化財に指定されている「十二本ヤス」もそうだ。

しかし、気軽に出逢うべき相手ではなかったのかもしれない。

ようやく、山道に案内板があらわれた。クルマを停めると、道路沿いに崩れかけたような鳥居が立っており、その先の〝参道〟を進むとほどなくそれが姿をあらわした。

通称「十二本ヤス」。ヤスとは魚を突く漁具のことで、分岐した枝がそれに似ていることから名付けられたらしい。

No.33

（右）“境内”入口に立つ鳥居の奥に参道が延びている。
（左ページ）「十二本ヤス」の威容。地上3メートルあたりから幹が12本に分岐、それぞれ重ならず真っすぐ天を突く異相である。

もし、何も知らずに山中に迷い込み、出逢ってしまったとしたら……平然としていられた自信はない。本居宣長大人はかつて「尋常（よのつね）ならぬ可畏（かしこ）き物を迦微（カミ）と云（いう）なり」と書いたが、これ以上尋常ならざるものはないだろう。「可畏さ」もまたしかりである。

根元から赤い鳥居が立てかけられているその巨樹は、いったん鳥居上部の笠木のあたりですぼまり、人の背丈を超える高さになったところでいったんエネルギーを蓄え、爆発的に多数の枝を放出していっせいに天を突いて伸びている。幹回りは7・23メートルとあるが、その数字は目通り（目の高さに相当する部分の木の幹の太さ）のもので、もっとも太い分岐部分の回りは12メートルにも及ぶという。

鳥居の裏側に回ってみると、さらに異様な印象は増す。ゴツゴツとした突起は地上から生えた神の手の関節のようでもあり、根元のウロは化け物が大口を開けているようでもある。

してみれば、その巨大さと異様さを説明する〝神話〟が生まれたのは、ある意味自然なことだったかもしれない。

「その昔、弥七郎という臆病者の若者がいた。山に入るたびに怖気づいていた弥七郎は、みんなの笑い者になり、山の魔物までもが彼の名前を覚えてしまった。腹を立てた弥七郎は、魔物にひと泡吹かせるべくマサカリを手に山に入り、夜を待った。

すると夜も更けた頃『弥七郎、弥七郎』と呼ぶ声がする。

弥七郎は声のするほうへマサカリを一撃すると、『ギャーッ』という悲鳴が聞こえ、魔物が転げ落ちてきた。それは白い毛の大きな老猿だった。

村人らは大猿の祟りを恐れ、ヒバの若木を植えて供養した。

その木は生長すると12本の枝を直立させる異様な姿となった。新しい枝が出ても代わりに古い枝が枯れて、12本以上になることがないという……」

「十二本ヤス」は、つまり山の魔物（精）が宿る木だったというわけである。

（右ページ）「十二本ヤス」の裏側は、表にもまして怪異な印象を与える。根元付近に空いたウロが叫び声をあげる口に見え、一瞬どきりとさせられた。

■恐るべき神威のあらわれ

ここで強調されている12という数字は、12か月や十二支といった暦の一サイクルを想起させる数だが、実は山の神のキーナンバーでもある。一般に山の神は女神で12人の子を産むとされ、祭日は12月12日や1月12日など、12にまつわる日が選ばれるという。なお、この日に山に入るのはタブーで、禁を破ると木の下敷きになるなどの言い伝えもある。やはりというべきか、この地方でも12月12日が山の神を祀る日とされ、「十二本ヤス」は山の神そのものとして崇められていた。

樹種はヒノキアスナロ。ヒノキ科アスナロ属の常緑針葉樹で、アスナロの変種という。もっとも一般には高級材として珍重されるヒバの名で通っている。金木のある津軽半島は、下北半島とともに青森ヒバの名産地で、日本のヒバ総蓄積（アスナロを含む）の8割以上がこの2つの半島に集中していることを恥ずかしながら後で知った。意識はしていなかったが、「十二本ヤス」の周辺はすべてヒバ林だった。ヒバの産出は藩政時代からこの地域を支える基幹産業だったらしい。

つまり山の民（杣人（そまびと））にとってこの怪木は、ヒバ林を統べる山神にして、彼らの生殺与奪の権をリアルに握る神の御座所だったのである。

もっとも、合理的に考えれば、「雪かその他の気象の関係で、ある時主幹を失ったが、生命力の強かったこのヒバは幹の周辺から直立の枝をのばして今日に至った」（『巨樹』八木下弘 著）に過ぎないのかもしれないが、杣人らには恐るべき神威のあらわれそのものと映った。その裏付けとなったのが、ほかならぬ〝12の御印〟だった。

分岐する枝のあいだに、小さな鳥居が置かれていた。それは、そこが神霊の座であることを標示するサインであったにちがいない。

よく見れば、分岐する幹のあいだにもうひとつの鳥居が設置されていた。

みちのく堂ヶ平の御神体

桂清水と燈明杉（青森県弘前市）

No.34

燈明が降り、光を放つ御神木

かつて山々の多くは修験の道場だった。しかし、明治政府は神と仏が曖昧に混じり合うこの国の長年にわたる文化を嫌い、修験者らはその居場所を失った。結果、山の道場の多くは神社に衣替えしてスケールダウンし、堂塔の多くは草木に覆われ朽ちていった。

そんな場所に、一本の神木が雄々しくそびえているという。

ＪＲ奥羽本線・石川駅で下車し、タクシーで「堂ヶ平」を目指す。民家が切れたあたりから道は砂利道に変わり、この道でよかったのかと不安を覚えながら奥へと進むと、「桂清水」の案内板に導かれた。

堂ヶ平とは、仏堂が立ち並ぶ山間の平場を形容する地名だという。中世には熊野修験の流れを汲む修験の道場として発展し、江戸時代には金光山市応寺という寺があったとされている。さらに、この近辺には12世紀頃にさかのぼるという堂ヶ平経塚（経典を土中に埋納した塚。仏教の作善行為として行われた）があり、縄文土器や土師器片も出土しているらしい。それらはこの一帯が古代からの聖地・霊場だったことを教えてくれる。

その証の最たるものといえるのが、「桂清水」である。カツラは谷間の水辺とセットで立っていることが多いが、その名のとおり、カツラの木の根元から清水がこんこんと湧き出ていた。驚くべきことに、その湧出口はまさに〝龍口〟だった。カツラの根の一部が龍頭にかたどられ、そ

の口から水が流れ出る仕掛けとなっている。のみならず、龍頭部分だけが青苔に覆われ、何と玉眼まで嵌められていた。

いわば、カツラの木と人間の合作による「龍神出現」のモニュメントである。

俗謡では「おさ（大沢）のどがで（堂ヶ平）の桂水呑めば六十婆様も若ぐなる」と歌われているという。ともあれ、尽きることのないこの清水が堂ヶ平霊場の基だったのはまちがいないだろう。

では、霊場の主たる神木「燈明杉」を目指し、森の中へ入っていこう。

かつての境内は、往時の佇まいは失いつつも、そこかしこに祈りの痕跡を伝えていた。

まず目に入るのは「山ノ神」の石碑と鳥居。ところどころ朱色が剝げ、笠木に苔をまとった赤鳥居の先にはその祠が見える。石碑の傍らには「燈明杉へ１７０Ｍ」の案内板。途中、淡島社、毘沙門宮、辨天堂といった祠や小堂が各所に点在し、中を覗くと、神仏の絵像や小さな木彫像があらわれ、ぞくりとさせられる。

道を間違えたのだろうか。薄暗い森の細道を彷徨いながら、次第にみちのく青森の民俗の底なし沼にはまっていくように思えてきた。だが、元の場所まで戻ると、森の下草に隠されたもうひとつの参道が山の斜面に向かって延びていることに気づいた。急坂を息を切らしながら上ると、やがて杉木立のあいだから差し込む陽光を背に受け、「燈明杉」の威容があらわれた。

放心したようにそれを眺める。

もはや神々しいというありきたりの言葉しか思い浮かばない。言挙げするのが馬鹿馬鹿しく思える身心脱落の心境である。思えば、わずかばかりの迷い道も、ようやく出逢えたという感覚を味わわせるための堂ヶ平のトリックだったのかもしれない。〝御神体〟に相まみえるには、それなりのプロセスが必要だったのだろう。

太い梁のような枝を存分に生え出すさま、典型的なウラスギ（アシウスギ）の樹勢で、吉野杉に代表されるオモテ（太平洋側）のスギにはないワイルドさが魅力である。樹齢は約７００年とさ

(右ページ) 堂ヶ平の「桂清水」。清水を目指してカツラの根が延びており、龍口部分にガラスの龍眼が嵌められていた。確かにその部分は龍頭に見える。

れているが、もとはこの地に自生したもので、あるときから他とは聖別され、神格化されたのだろう。周囲には植林された若いスギも多々あるなか、燈明杉の近くだけは排除され、独立峰のような格別の存在感を放っている。案内板にはこう書かれていた。

「名称の由来は、かつて毎年4回、ほぼ同時期に天よりこの杉に燈明が降り、光を放ったという言い伝えによるものである。またその燈明の具合により、作物の豊凶や家内の吉凶を占ったと伝えられている」

燈明が降り、光を放ったというミステリアスな記述が何を意味するのか、今は誰にもわからない。「毎年4回」とあることから、節分（立春、立夏、立秋、立冬の前日）ごとに行われた太陽祭祀を示唆しているのかもしれない。あるいは、最頂部にこんもりと繁る葉が陽光の加減で燈明のごとく照り輝くタイミングが年4回訪れ、そのさまによって神意が占われたのだろうか。

一方、微笑ましい神占（しんせん）の習俗も伝わっている。

昭和30年代までは、好きな人と結婚できるようこの木に祈願する「かんかけ（鍵掛）」の風習もみられたのだという。願掛けならぬ「鍵掛（懸）」である。どういうことかといえば、「木の枝を鍵状にしたものを鳥居や神木などに投げあげて、うまくかかると願望がかなうという俗信は奥羽地方にあり、神占として行なわれていた」（『菅江真澄（すがえますみ）遊覧記』注釈より）とのことらしい。

燈明杉のかたわらには祠があり、マサカリを手にした山神の石像が奉安されていた。この急坂を下ると先述の「山ノ神」の祠（大山祇（おおやまづみ）神社）があり、そこにも同様の神像が描かれていた。だとすれば、この祠は山神を遥拝する拝殿で、燈明杉が山神の本殿（御神体）なのかもしれない。

修験の道場として栄えていた時代、堂ヶ平の堂塔を見下ろすこの場所で燈明杉は祀られ、霊場鎮護の守護神として崇められていた。そして、修験者たちが山を去り、堂塔伽藍がなくなったのちも「山ノ神」は残り、素朴な信仰が民俗のもとに還ってきた。それはそれで悪いことではないのかもしれない。

燈明杉のたもとに祀られた山の神の祠に奉安されていた神像。ここから下ったところに大山祇神社の祠があり、同じ容貌の画像が奉安されていた。

(左ページ)修験の道場だった山のヌシのごとくそびえる「燈明杉」(県指定天然記念物)。幹回り6.9メートル、樹高32メートル。そのサイズ以上に際立つ存在感である。

巨木の里の救済者

萩日吉神社の児持杉、西平の大カヤ（埼玉県ときがわ町）

No.35

子孫繁栄のシンボル・ツリー

巨樹との出逢いは、ちょっとした宗教的体験といえるかもしれない。

特別な木との出逢いは、ときとして人の心の深い部分を揺さぶる体験となる。スピリチュアルな感性に長けた人ならなにがしかの神秘体験が訪れるかもしれないし、そうでなくても、ある種の癒しがもたらされることもある。

それは必ずしも巨樹である必要はないかもしれない。ただ、大地に根ざし、天を貫く巨樹は、ときに現実世界へのグリップを喪失した小人に、時を超えた大いなる存在を知らしめ、この世に自分を繋ぎ止める力をくれているように思える。

埼玉県ときがわ町は、近年「巨木の里」として知られている。

ひと山越えたら秩父という山間地に位置しているとはいえ、この地にとくに巨樹が多く残されているとすれば、何か理由があるにちがいない。

ひとつ推論を立てれば、（自然環境もさることながら）この地が古刹・慈光寺を中心とした霊場として発展した土地柄だったからだろう。霊場や神域の木をむやみに伐ってはならないというのは、古くからこの国の常識である。

「巨木の里」が誇る巨樹のうちふたつが同町の萩日吉神社の参道とその後背地にある。

同社の創祀は欽明天皇6年（537年頃）といい、平安時代初期、延暦寺関東別院となった慈光

(右)萩日吉神社の本殿につづく参道。
(左ページ)萩日吉神社参道入口の「児持杉」。写真右が男スギ、左が女スギで、注連縄が2本を結び、両者が交わる根の上に祠が安置されている。

寺を鎮護するため、比叡山から日吉大神が勧請（かんじょう）されたと伝わる。慈光寺と萩日吉神社は都幾川（ときがわ）を挟んで3キロ弱離れており、今でこそ寺社の間は宅地などで埋められているが、かつては一体の境内だったのだろう。

そうでなければ、村の鎮守社の入口にこの巨樹はなかったのかもしれない。

参道の杉並木のひとつにしては巨大すぎる神木が、唐突に目の前にあらわれた。「児持杉」と呼ばれている。2本の大スギが寄り添っており、手前が男スギ（目通り幹周6・6メートル）、奥が女スギ（同8・6メートル）。それぞれが立派な巨樹だが、並び立つことで迫力はいや増している。

何よりその樹勢。ともに高さは40メートルで、幹はともに根元近くでより野太くふくらみ、両者の間に設えられた祠の下で根を交わらせている。また、女杉は24本、男杉は3本の枝を分岐させており、それが子だくさんのイメージを与えているのだろう。「古来より二樹を祈念する時は幼児を授けられるとの伝説あり」と案内板にはあるが、もはや、ただの子授けの意味を超え、末長い子孫繁栄をもイメージさせる見事なシンボル・ツリーである。

社前のあまりのインパクトに印象が霞みがちだが、萩日吉神社本殿の脇にも立派なスギの神木があった。そしてその根元には「御井社（みいしゃ）」という水神の社。つまり、スギの根元から水が湧き出ているのだ。

なるほど、この豊富な地下水があってこそ巨大な「児持杉」も育まれたのだろう。妙に合点がゆく思いである。

萩日吉神社の本殿裏にある御井社。背後の神木の根元から湧き出す井戸を祀る社である。

黄金色に鈍く輝く大樹

では、もうひとつの神木を求め、〝奥の院〟へと参ろう。

神社を横切る道路を上っていくと、「大カヤ入口」の看板。そこから〝参道〟がつづいている。時間にすれば10分足らずだっただろうか。何の目印もない山道にやや不安になりかけたタイミングで、不意に開けた場所に行き当たり、その奥に黄金色に鈍く輝く一本の大樹が目に入ってきた。はっと息を呑む。訳もなく「出逢ってしまった」という感慨に襲われる。

樹種によるのか、時季や太陽の入射角によってそう映るのか。その木は青苔混じりの金色の樹肌を輝かせ、神々しくも妖しく長大に枝を伸ばしていた。幹回り6・6メートル、樹高16メートルに対して、枝張りは東西に25メートル、南北に26メートル。手前に開けた西の斜面に流れ落ちるように枝を伸ばしている。

それはあたかも、神木を詣でにやってきた者たちに手を差し伸べてくれているようだ。

冷静に考えれば、そんな姿になったのは、人の手でカヤのための空間が確保されてきたからだろう。それにどれだけの時間がかかっただろうか。推定樹齢1000年の妥当性はともかく、数百年単位の長きにわたり、人々の崇敬を集め、守り伝えられてきた賜物だろう。一説に「慈光七木」のひとつに挙げられているというから、大カヤのたもとにはかつて慈光寺の末寺や子院の堂塔伽藍があったのかもしれない。

幹に近づいてみた。深い縦皺が刻まれるのはカヤの老木ならではだが、ところどころ樹皮が剝がれ、枝が枯れ落ちた跡が古傷となってそこかしこに残り、空洞も目立っている。思いのほか傷み、老衰傾向なのは否めないが、今も支えなしでこれだけの長い枝を維持している生命力は尋常ではない。やはり神宿る木ならではなのかもしれない。

ネット検索してみると、「西平の大カヤ」に多大な思い入れを寄せる人の記事が散見され、納得の思いである。人の心の琴線に触れる何かがこの木には確かに宿っている。

そしてその魅力は、少なからず木と人との、祀り祀られ、祈り祈られる関係性によって育まれていったにちがいない。そんなふうにも思う。

「西平の大カヤ」（県指定天然記念物）。堂々たる巨樹で、老齢のためか樹皮が剝げたような風合が目立つが、その部分が黄金色に鈍く光り、長大に伸びた枝と相まって格別な印象を与える（次ページも）。

埼玉県指定
天然記念物
カヤ

萌えあがる仙境の主

軍刀利神社の大カツラ（山梨県上野原市）

■ヤマトタケルが感嘆した大カツラの木

仙人が暮らす場所を仙境という。

人跡の及ばない深山幽谷、清冽な泉が湧き、精気に満ちた霞が流れる龍穴の地。伸ばしに伸ばした白髪を蓄え、天地陰陽の術に通じた脱俗の道者が、霊木のたもとに悠然と腰を下ろし永遠の境地に心を遊ばせる……。白髪の仙人はともかく、筆者が勝手に妄想する〝仙境〟にもっとも近しい場所が山梨県上野原市棡原にあった。

JR上野原駅から井戸方面行きバスの終点・井戸で下車。軍刀利神社の奥の院を目指す。

軍刀利とは、密教でいう五大明王の一・軍荼利明王に由来するもので、当社は明治以前、軍荼利夜叉明王社と呼ばれていたらしい。ところが、明治初年の廃仏運動と修験道禁止令を受け、仏教由来の社名を「軍刀利」と改称。主祭神はヤマトタケルに改められ、霊験あらたかな軍神として戦前は出征兵士らに篤く拝まれたという。

ただし、祭神のヤマトタケルは無理筋の付会ではなく、戦前の古老の話によれば、「ヤマトタケルの東征の事は歴史に明記する処なるも、当村軍刀利神社はその帰途、お足を止めさせられたる処なりと伝う」（『山麓滞在』岩科小一郎著「軍荼利山縁起」より）らしい。

そして、古老の話はこうつづく。

「これ（軍刀利神社の旧社地）より下方、約二丁（約220メートル）に休み石と称する方形の奇石あ

No.36

軍刀利神社の境内入口ふきんから南西方向に開けた景観を見ると、山々の奥、雲の上に富士山があらわれた。

り、傍らに泉湧き出る処あり。清澄なるひとつの水溜まりがあり、かつ地廻り三丈五尺（約10・5メートル）、目通り二丈三尺（約7メートル）位の大桂の樹あり。一見荘厳霊地の処たるを感ぜしむ。すなわちヤマトタケルが長途の疲れを癒し、渇きを凌ぐため自ら汲みて用いたる処なりと伝う」（前掲書、一部筆者が補足）

当社の旧社地のある山の中腹からやや下った場所に泉が湧き出す場所があり、大カツラがあって、ヤマトタケルが「荘厳霊地の処」と感嘆したという。時代設定と推定樹齢に齟齬をきたしそうな伝説だが、そんな特別な由緒で語られるべき聖地だったのだろう。その場所こそ、軍刀利神社奥の院である。

井戸集落からの参道は、途中から急坂となり、やがて軍刀利神社の本殿に向かう長い長い石段に迎えられた。ここで参拝し、その奥の「荘厳霊地」へとさらに歩を進める。

急坂の舗装道路は、途中から完全な山道になり、やがて木の鳥居が遠くに見えてきた。その額束（がくづか）に手書きで書かれた「奥の院」という文字を確認すると、ほどなく柱の間から萌えあがる針山のような特異な樹相が目に飛び込んできた。

「水木様」を制御する明王

せせらぎの音が聞こえる。向かって右奥から清水が流れ下り、彼岸と此岸（しがん）を分けるように参道を横切っている。それを渡す鉄製の赤橋の奥に大カツラがそびえ立ち、その脇に延びた古びた石段が折り重なってお社に通じていた。夢に出てきそうな光景である。

カツラの巨木は、多くが谷間の清冽（せいれつ）な水辺に孤立している。主幹部の周囲には大小無数のヒコバエ（若木）が群生するのが特徴で、それらを束ねた幹回りが20メートルを超える木もあると聞く。この木の場合、幹回りは現状9メートルほどだが、2本に分岐した主幹が天高く伸び（樹高

軍刀利神社の本殿につづく長い石段。鬱蒼とした木々に覆われ、神さびた風情である。

は33メートル)、際立った威容を見せつけている。
この大カツラの場合、「日照りにも涸れることがない」水源の清水とともにあることが重要である。「水木様」とも呼ばれていたといい、次のような伝説もある。
「軍茶利山の頂に祠(山宮)があり、あるとき無茶な男がいて、こっそり扉を開けて中を覗くと、白光がほとばしり、ひとつの黒影が飛び去って数百メートル下の大カツラに降り立った。そして沛然(はいぜん)と豪雨が来た。村人らがカツラのもとに行くと、そこに黒光りする荒彫りの木像があった。村人らはその像を神社本殿に祀り、ついには鎖で搦(から)めてしまった。のち、村人はこの像を雨乞いに用いることを思いつき、干天になれば扉を開けて雨を得た。『この雨乞いの当たらなかったためしはない』といわれる」(前掲書より要約)。
木像の神名は明かされていないが、当社本来の御神体である軍荼利明王像だろう。この明王は龍蛇の支配者といわれ、何匹もの蛇を身にまとった姿であらわされる。一方、龍蛇は水をつかさどる神霊で、大カツラはその依り代である。解き放たれた明王はカツラのたもとに降り立ち、権能をふるって思うがままに雨を降らせる力を得たのである。
ちなみに、この大カツラは「縁結びの木」とも呼ばれている。2本の主幹が寄り添い、たくさんのヒコバエ(「孫生え」とも書く)を生じていることに由来するのだろう。加えて、カツラの葉がハート形をしているのも見逃せないポイントである。
帰途、一の鳥居のある集落まで下り、南西に開けた斜面を見下ろすと、山々の先に富士山が悠然と稜線を結んでいた。近景には井戸集落の人らが自給する畑地が広がり、梅が満開を迎えていた。まるで南画(なんが)さながらの光景である。あとで知ったが、井戸集落のある旧楢原村(ゆずりはらむら)は、かつて日本一の長寿村として名を馳せていたらしい。
バスの終点の奥には、仙境とささやかな桃源郷があった。

(左ページ)「軍刀利神社のカツラ」(県指定天然記念物)。本殿からさらに井戸川をさかのぼり、急坂を進むと、奥の院の鳥居の先に大カツラがあらわれる。
(216ページ)大カツラの背後に回ると、西日を受け、おびただしい数のヒコバエによって針山のようなシルエットをあらわした。

奉納

異次元を思わせる生命

來宮(きのみや)神社の大クス（静岡県熱海市）

ダイレクトに迫る存在の重み

JR熱海駅で伊東線に乗り換え、ひと駅で来宮駅である。春先の平日午後に降り立った私は、ホームの人の多さにまず驚いた。ついさっき乗り換えた熱海駅より多いほどだ。何があったのだろうと人の流れを見ていくと、ほとんどが私の目的地と同じだった。

來宮神社の境内に入ると、「第二大楠（幹回り9・4メートル）」が出迎えてくれた。裏側に回ってみると、何と樹皮部分を残して中身のほとんどが失われたウロの木だった。ウロ内には人が入っても余裕な空間があり、小祠が祀られている。その内壁に残る黒こげは、落雷に遭った証だという。そんな有り様でありながら、青々とした葉を茂らせているさまは何とも神々しく目に映る。古くはそんな木を神霊が宿る「霹靂木(かむとけのき)（神解けの木）」と呼んで崇めたといわれているが、これがそうかと納得させる。

若者を中心とした参拝客の多さで、境内は華やいだ印象である。デザイナー建築仕様の参集殿には、シティーホテルのフロントのような授与所があり、カフェも併設されている。今や熱海の人気スポットの筆頭ともいわれる当社だが、ここに吸い寄せられた人々が本殿参拝もそこそこに向かうのは、境内奥の「大楠」である。

もし目隠しをされていきなり見せられたら、一瞬これが木だと思わないかもしれない。それほど現実離れした大きさ。ゴツゴツした岩塊を思わせる幹の風合い。

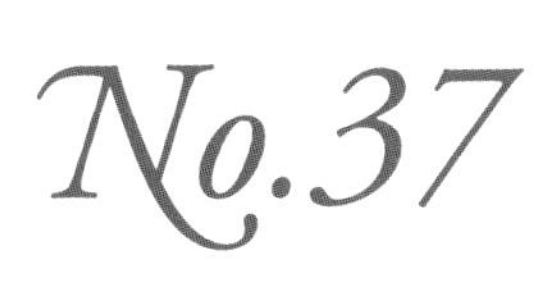

その幹回り（23・9メートル／環境省巨樹・巨木林データベース）はかつては日本一と讃えられた。現在は鹿児島の「蒲生の大クス（24・2メートル、本書19ページ）」に日本一の座を譲ったらしいが、唯一無二の存在感はいささかも揺るがない。

そのインパクトは何ゆえだろうか。ひとつ挙げれば、分岐する主幹のひとつが1974年の台風によって倒壊し、地上5メートルほどでばっさり切断されたことにあるかもしれない。

ギリシア・ローマ美術のトルソー（首や手足のない胴体だけの彫刻）がそうであるように、枝葉末節がカットされているぶん、〝存在の重み〟が幹の表情によってダイレクトに迫ってくるのだ。推定樹齢は2000年。その根拠はよくわからないが、そのぐらいでなくては収まりのつかない樹相であるのはまちがいない。

一方、もう一本の主幹は途中で分岐しながら高々と天を突いていた。気の遠くなる時間をその身に刻みつつ、今現在も生命を更新し続けている――そのさまを眼前で拝し思わず手を合わせてしまうのは、この国の人にとっては自然な反応である。

ちなみに、大クスはかつて境内に7本あったという。社伝ではこう伝えている。

「和銅3年（710）6月15日、熱海の海で漁夫が網を降ろしたところ、網に木像らしきものが入った。ふとそこへ童子があらわれ、『われは五十猛命（いたけるのみこと）。この地に波の音の聞こえない7体の楠のウロがあるから、われをそこで祀れ』といい、地に伏した。そこで村人が探し当てたのがこの地（現社地）であった」

五十猛命とは、スサノオの子で、父神とともに高天原から多くの樹木の種を持って天降りし、九州を皮切りに大八洲国（おおやしまのくに）（日本列島）の各地に木を植えた神と『日本書紀』に書かれている。いわば木の神・林業の神なのだが、このご由緒では熱海の海に来訪神としてあらわれ、みずからを祀る「7体のクスノキ」の森を指定し、奉安されたことになっている。

当社は、熱海の中心街を流れ、熱海の海に注ぐ糸川（いとかわ）をさかのぼった高台にあり、清流に清めら

（左ページ）來宮神社の大クス（国指定天然記念物）。正式な社名で表記すれば「阿豆佐和気（あずさわけ）神社の大クス」、神社では「大楠」と表記。「日本屈指のパワースポット。生命力に満ち溢れている大楠をご体感下さい」（神社ＨＰより）

大クスは、周囲を一周できる木道が整備されており、常時17時〜23時までライトアップされている。「杜の草木に宿る木霊（こだま）を約140個の明かりで表現しました」（神社ＨＰ）。夕刻から夜にかけての参拝もまた、印象深いものになるにちがいない。

れ、熱海七湯（ななゆ）を見下ろす場所にある。熱海郷（あたみごう）の地主神にふさわしい鎮座地であり、温泉を湧出する大地のエネルギーがこの大クスを育んだのかもしれないとも思う。

幕末の嘉永年代、そんなクスの森が危機を迎えていた。

古伝によれば、当時の熱海村で隣村との漁業権をめぐる全村挙げての紛争が勃発し、その訴訟費用を捻出するため、境内の7本の楠のうち5本が伐られた。そして残された大楠を伐ろうと大鋸（おが）を幹に当てようとしたところ、白髪の老人が忽然とあらわれ、両手を広げてこれを遮った。すると大鋸は手元から折れ、同時に白髪の老人の姿は消えてしまった。その結果、今ある大楠2本が残されたのだという。

では、白髪の老人があらわれなければ、「大楠」は本当に伐られてしまったのだろうか。ほかならぬ熱海の村人にそれができたとは私には思えない。御神木を害することへの強い畏れが白髪の老人（五十猛命？）を顕現させた、そう解釈するのが自然だろう。

さて、「大楠」の参拝は、そのまわりに巡らされた歩道を一周するのが作法である。

「古くからそのまわりを一周廻る毎に一年間生き延びると伝えられ、廻った人は医者いらずといい、一名不老の楠とも呼ばれている」（案内板より）

今日では、それが転じて「心に願いを秘めながら1周すると願い事が叶う」（当社ＨＰ）ともいわれ、ネット上には「大楠パワーでご利益倍増」「願いが叶う伝説!?」「來宮神社のご利益すごっ！　縁結びのパワースポット」といった言葉が躍っている。

言葉は軽薄だが、これらは、異次元を思わせる生命に惹かれ、結縁したいと願う率直な宗教的衝動のあらわれだろう。周囲を巡ったら寿命が延びるのか、祈ったら願いが叶うのかはともかく、そのちからに〝感化〟されるのは、今も昔も変わらないわれわれの性（さが）なのだ。

疫病神が祀られた神木

葛見(くずみ)神社の大クス(静岡県伊東市)

凄まじい妖気が立ち上る怪樹

来宮駅からJR伊東線で22分、終点・伊東駅で下車し、20分ほど歩いて葛見神社に到着する。來宮神社とともに、伊豆半島の東岸に位置し、クスノキを御神木とする古社である。

社寺境内にある巨樹は、たいてい境内地に近づけば探さなくても目に入ってくる。神木そのものがランドマークの役割を果たしていることが多いからだ。しかしここはそうではない。背後の社叢と一体化しており、それと知らなければ、本殿の正面左側の石碑のあたりまで進んだところで不意にそれと出逢うことになる。

すごいものを見てしまった。それが正直な感想である。

幹回り約15メートル。來宮の「大楠」と比べてもややスケールが落ちるものの、その幹が醸し出す〝存在の重さ〟は引けを取らない。というより、別種の凄み、妖気といったものが全体から立ち上っているのだ。

地面からボコボコと泡を立てながら噴出してきたような、全身コブまみれの木の塊。その正面中央には、縦に割いてこじ開けたかのようなウロがあり、小祠が祀られている。

巨幹は地上5メートルぐらいでV字形に分岐し、ベルトのような金属の帯で束ねられていた。左右それぞれに傾いた幹が折れないように、強制的に結束されているのだ。事実、1996年には大枝が折れて落下しており、これ以上樹相を損ねないようにするための処置だろうが、その帯

No.38

「葛見神社の大クス」(国指定天然記念物)。久しく主幹が失われ、分岐した幹もコブまみれの尋常ではない容貌。幹回り15メートル、樹高は25メートル。

が幹に食い込み、余計に痛ましさを増している。そしてクスノキの老樹の多くがそうであるように、主幹には大きな空洞が生じていた。

広葉樹の多くは、数百年の寿命を重ねると異相を呈するようになるが、この木の場合、異相はもとより老いの極みのようなものをも感じさせてやまない。

木の手前には、元首相・若槻礼次郎の寄進による石碑があり、「老樟を讃へる」と題された次の詩が添えられていた。

霊怪神龍に似たり　晴天雲雨起す
誰が図らむ陵谷の変　一木千古を支ふ（勺水〈日下寛識〉作／もとは漢詩）

「陵谷の変」とは、丘陵が谷に変わり、谷が丘陵に変わるような世の移り変わりを指すたとえである。「この木は晴天に雲を起こし雨をもたらす龍にも似ている。一本の木が、千古の昔から世の中の有為転変を見つめ、人々を支えてきた」そんな意味だろうか。

その感慨は、この木が幾年月ものあいだ人々の祈りを受け止めてきたことを踏まえた讃辞だろう。それを物語るのが、ウロ（洞）の前に祀られた小祠である。

その祠は、疱瘡神社と疱瘡稲荷の合社であるという。

疱瘡とはいわゆる天然痘のことである。かつては感染率、致死率の高さゆえ、人々にもっとも恐れられていた病だ。人々はその病除け・疾病平癒のために、ここで祈りを捧げてきたのである。ではなぜここに疫病神というべき疱瘡神が祀られ、祈られたのだろうか。

おそらく大クスの樹肌と無関係ではあるまい。

天然痘といえば、膿疱という、ウミのたまった水ぶくれが皮膚全体にあらわれ、治癒後もアバタとなって残るのが特徴である。つまり、大クスの樹皮にボコボコとあらわれているコブがあたかも疱瘡の膿疱（アバタ）を思わせ、みずからや親兄弟の流行病を代わって受け止めてくれている――そう信じられたからではなかったか。

葛見神社。本殿の向かって左に大クスがあるが、背後の森にまぎれ、一見してその存在には気づかない。

(右ページ)大クス正面の幹のくぼみ部分に祀られ、木と一体化している小祠。この構図はあるものを想起させる。

つまり、この大クスは、アバタまみれの樹肌ゆえに疱瘡神の依り代とされ、同時に代受苦（病苦を代わって受ける）の〝しるし〟とみなされた。そう思われるのである。

根源の女神に通じるシンボリズム

ところが、このウロの様相を凝視していくうち、筆者にはまったく別の考えが浮かんできた。見れば見るほど、それが女陰に見えてきてしまったのである。

その樹相が何かに見えるということはよくあることで、そこで見えた印象に格別の意味を見出す必要はないのだが、ここから、ややこじつけに近い連想がはたらく。

葛見神社は、境内の樹林に宿る神霊を葛見神として祀ったことにはじまるという。だとすれば、「葛見」は、もとは「クスミ（楠見）」、または「クスビ（楠霊）」に由来したのかもしれない。

ちなみに、「クスミ」神といえば、和歌山・熊野那智大社の祭神、熊野夫須美神（久須美とも牟須美とも書く）を想起させる。同社の境内にはやはり神木の大クスがあり、一説にはその祭神名は楠の御霊（楠霊）に由来するともいう。葛見神社が熊野から勧請されたとする伝承は残っていないが、海の道を介したクスつながりの近縁性はあったかもしれない。

ちなみに、那智の祭神はイザナミ神と同一といわれる。この根源の女神のイメージを葛見神社の大クスに重ねれば、女陰のごとき正面のウロも、さもありなんと思えてくるのだ。さらにいえば、そのアバタにも似たものすごい幹肌も、黄泉国のイザナミが、その後を追って黄泉に下ったイザナギに対して「見ないでください」といったときの醜悪な形相を連想させるものだ——。

以上、あくまで筆者の妄想である。

神社のはじまりの樹

武雄の大楠（佐賀県武雄市）

神木にして神を祀る座

佐賀県武雄市。近年話題になった武雄市図書館の脇に武雄神社の一の鳥居がある。その図書館のモダンなたたずまいと肥前鳥居と呼ばれる荘重な石造物はあまりに対照的だが、そこから延びる参道越しに拝する武雄神社と背後の山々からなる景観は、近景のモダンを視界の外に押しやるだけの存在感がある。

印象的なふたつの頂を指して御船山という。

確かに、舟形埴輪にあるような船首と船尾が反り上がった古代船を思い浮かべればそう見えなくもない。その麓に堅牢な城壁のような石積みがあり、お社が鎮まっている。

『武雄神社本紀』によれば、神功皇后が三韓征伐の帰途、武雄に兵船を止め、それが御船山に化したことから、同行していた住吉神と武内宿禰が御船山の南嶽（船の艫）に鎮まり、創祀された。のち、託宣によって武内宿禰が北麓（船の舳先）に遷座され、ほかの4柱と合わせて武雄宮が創建されたという。

その本殿の向かって左奥に「御神木」の字が掲げられた鳥居がある。

その参道は、いったん下ったのち上り勾配となり、息を切らしながら上った先に高々と葉を茂らせる一本の老樹があらわれる。「武雄の大楠」である。

「そこに『神様の説明』など必要ありません。その人知を超えた圧倒的な存在感に自然と涙し、

No.39

一の鳥居から見た御船山。写真中央に、高い石垣の上に鎮座する武雄神社の建物が見える。

幾度となくお詣りされる方があとを絶ちません」（武雄神社ＨＰ）

根拠は不明だが、樹齢は３０００年以上といわれている。

武雄市の説明によれば、樹高約30メートル、幹回り20メートル、枝張りは東西30メートルで南北は33メートル。全国巨木第7位にランクするという。その大きさはもとより、老いを極めたような凄まじき樹相ながら、なお雄々しく自立する姿に神々しいものを感じざるをえない。

いや、神々しいという形容では不十分だろう。

大クスはとうの昔に主幹を失い、大きな空洞をあらわにするが、地表近くで開いた口には石段が設けられ、その〝胎内〟へと見る者を誘っている。実際は、通常の拝観者は中に入れず、遠巻きに眺めるのみだが、中は12畳ほどの広さがあるといい、石祠が祀られ、神事も執り行われているという。大クスはすなわち、神霊の座（くら）であり社でもあるのだ。

そのロケーションからして、神木の大クスは武雄神社の元宮的な存在であり、御船山の神が依り憑くヒモロギと見なされたであろうことは想像に難くない。ともあれ、３０００年と伝わる樹齢は、神社創建の由緒以前にさかのぼる当社の根源を示唆しているようだ。

なお、神木のなかで祀られている祭神は「天神」であるという。

ここでいう天神とは、少なくとも平安時代に実在した「天神さん」こと菅原道真公のことではあるまい。ではどのような神か。神社が必要ないと釘を刺す「神様の説明」をここで深掘りするわけにもいかないが、考えられるのは、天神の原像というべき火雷神（ほのいかづちのかみ）（雷神）、あるいは、稲光りがもたらす雨の恵みをつかさどる天の神だろうか。

それが気になったのはほかでもない。九州の神木を巡礼して、クスノキに代表されるそれらの多くが「天神さん」と呼ばれていることに気づいたからだ。なかでも「武雄の大楠」は、現存最古の「天神の木」だろう。九州に天神木信仰といったものがあるとすれば、その原点としてあらためて検討しなければならないが、それは今後の課題としておきたい。

(左ページ)「武雄の大楠」。傷みの大きい老樹だが、今も樹冠に葉を繁らせて健在である。その大きさと樹齢をして国指定の天然記念物ではないのは、古くから神祀りの場として人の手が加わっているためだろうか。ただ、御神木という存在をこれほど体現している木はない。

石段の先は広い空洞になっており、中に石の祠があり、さまざまな供物が置かれている。「大楠」は、生きた木でありながら、同時に神殿でもあるのだ。

ヤマタノオロチの化身

No.40

志多備神社のスダジイ（島根県松江市）

■ワラヘビをまとった怪物

JR松江駅からクルマで約20分。松江市旧八雲村の桑並地区は、意宇川の支流・桑並川に沿ってウナギの寝床のようにつづく谷間の集落である。

終点を告げるナビの音声に従って車を降りると、田植えを終えたばかりの水田の奥に、もえぎ色の新緑がアクセントを加えるスダジイの森が見える。あぜ道を広げたような一直線の参道の先に志多備神社の白い石鳥居が立ち、参詣者を森へと招いていた。

その本殿の向かって右奥に、もうひとつの神域があった。

そこには〝怪物〟がいた。

昼なお暗く葉を繁らせるその大樹の根元には、大蛇を思わせる藁製のオブジェ（藁蛇という）がぐるり取り巻き、幹の分岐部分へと昇っている。ただならぬ風情だが、これは〝怪物〟の背中にちがいないと気づき、半周してその正面に立った。

ものすごい〝圧〟を感じた。爆発的な樹勢というべきだろうか、地面からあらわれた太い幹は、ほどなくエネルギーを四方八方に放出させるかのように分岐している。隆々、いや瘤々とした分幹（枝とは呼びにくい）は、樹齢を経てますますその怪物性をあらわにしているようだ。気圧されたようにそれを眺めていると、その分幹のたもとで藁蛇の頭が大口を開けてこちらを覗いていた。

「（木は）年月が経つと霊気が宿る」

志多備神社。出雲地方特有の様式である楼門の先に本殿が見える。この参道の脇にもスダジイの巨樹がある。
（次ページ）楼門を入って右奥に進むと、目的の「志多備神社のスダジイ」（県指定天然記念物）があらわれる。

晩年の水木しげる翁は、この木を見てそうつぶやいたという。

「このスダジイは、桑並地区を守る総荒神の宿る神木です。胸高周囲11・4メートル、樹高約20メートルで、樹幹は地上3メートルあたりで9本に分かれ（1本は枯れている）四方に枝葉を広げています。枝張りは、東西約20メートル、南北約33メートルで、樹齢は確かでなく推定数百年といわれている日本一のシイの巨木です」（案内板）

9本のうち1本が枯れて8本。であれば、この木はまるで記紀神話にいう出雲の八岐大蛇そのものではないか――。しかもそれを、長大な藁製の大蛇が取り巻き、たくさんの御幣が立てられ祀られているのだ。ともあれ、「総荒神の宿る神木」とは、この神木が荒神の依り代（ヒモロギ）であり、藁蛇（＝荒神）が巻かれることでその御神体となることを意味しているようだ。

ワラヘビ＝荒神＝ヤマタノオロチ？

この藁蛇＝荒神とはいったい何者か。

実は出雲（島根）や伯耆（鳥取）では、藁蛇はいたるところで見られるものという。比較的多いパターンは、神社の境内やその周縁部にて、依り代の木に藁の蛇体が7回り半巻き付けられ、その根元に龍頭（蛇頭）を安置されるものだ。

それらはみな、「荒神さん」と呼ばれている。松江市内の古社、揖夜神社や神魂神社の境内でも確認したが、いずれも大社造の特徴的な本社社殿とは別に、屋根のない雨ざらしの神座であった。神さまの〝待遇〟としてはあまりにも対照的だが、蛇腹や龍頭の周辺に立てられた御幣の数を見れば、ねんごろに祀られているのがわかる。

日本民俗学の祖・柳田國男によれば、荒神とは「地主神の思想に基づくもの」で、「正しく山野の神」であるとし、「字義は単に荒野の神と云うことかとも存じ候へども、やはり『荒ぶる神』

オロチ伝説が残る八俣大蛇公園（島根県雲南市）にあるオロチとスサノオのモニュメント。手前の石垣はオロチの腹である。

（右ページ）232-233ページの写真を正面とすれば、こちらは背面。根元をぐるりと取り巻く藁蛇が、幹を昇り、8本に分岐する大枝のたもとに向かっている。

と云う呼称に基づくもの」であるという（『石神問答』より）。

やや抽象的な物言いだが、柳田は「被支配者（先住民）のトップのうち、支配者（新住民）に従った者は国津神（くにつかみ）と称され、抵抗した者はこれを荒神という」（前掲書より意訳）とも述べている。結果として、国家公認の神は社に祀られ、非公認の神＝荒神は社に祀ることは許されなかったということだろうか。

出雲の荒神は、中央で公認された神々の序列とは無関係のローカルな神であり、庶民の生活空間（山野や田畑、居住地）のなかに存在する近しき神々である。それを象徴的にあらわしたのが藁蛇である。

そして、大方の説明によれば、藁蛇のモチーフは八岐大蛇に行き着くのだという。

八岐大蛇といえば、「ひとつの胴体に8つの頭、8つの尾を持ち、目はホオズキのように真っ赤であり、体にはコケやヒノキ、スギが生え、8つの谷と8つの丘にまたがるほど巨大で、その腹は、いつも血でただれている」（『古事記』）と書かれる怪物だが、古代史学の瀧音能之（たきおとよしゆき）氏によれば、その正体は「出雲国そのもの」であるという。いわば、出雲の地に宿る地主神の総体というべき存在なのである。

人々にとって、近しい神は必ずしも優しい神ではない。「荒ぶる神」がその本領であり、その神威は祟りによってあらわされる。だからこそ、しかるべき場所に丁重にお祀りしなければならない。そのもっとも〝しかるべき場所〟が、このスダジイだったのである。

ここで、八岐大蛇を思わせるスダジイに、八岐大蛇＝荒神を象徴する藁蛇を巻き付けることの意味を深読みしたくなるが、とりあえずは、出雲の風土を背景に発生した「総荒神」の神座（ヒモロギ）は、「日本一のスダジイ」をおいてほかはなかったのだと思う。

〈神宮といえば伊勢神宮、大社といえば出雲大社〉、そんな言葉がある。唯一不二の神社をあらわす喩えだが、筆者はこれに〈荒神といえば志多備神社〉と付け加えておきたい。

松江市・揖夜神社の境内に祀られている「荒神さん」。雌雄2体の龍頭が祀られ、ワラヘビがヒモロギの木に7巻き半巡らされている。

富士山のような御神木

河口浅間神社の七本杉（山梨県富士河口湖町）

No.41

■参道と「七本杉」の威容

スギは何ゆえ「スギ」なのか。さまざまな資料をひもといたが、おおむね以下のとおりである。
「スグ（直）な木の義」（『日本釈名』）、「直に生ふるもの故に名とする」（『倭訓栞』）、「ただ上へ進みのぼる木であるところからススミキ（進木）の義」（『古事記伝』）。
天と地を一直線に結ぶ御柱のスギ。それこそは神の依り代にふさわしい。
そんなスギの巨木がここほど一か所に集中して生え盛り、「尋常ならざる」景観を形づくっている場所はほかにはないだろう。河口浅間神社は、富士五湖のひとつである河口湖の北東、寺川と御坂みち（国道１３７号線）とが交差するポイント近くに鎮座している。
かいつまんで説明すれば、数十メートルの参道に、幹回り7メートル・樹高40メートル超の巨木が11本並び立ち、境内には「七本杉」と呼ばれるスギの神木が所狭しとそびえ立っているのだ。
なお、参道のそれは鎌倉街道（御坂みち）ができたときに植えられたという樹齢８００年の杉並木で、「七本杉」はそれをさらにさかのぼる１２００年の樹齢を数えるといい、それぞれ古典を典拠としたという次のような名前がつけられている。
拝殿前の「御爾」（一）、そこから向かって右の境内手前から奥へ、「産謝」（二）、「齢鶴」（三）、「神綿」（四）、「父母」（五、六）とつづく。
なお、「父母」は両柱杉、男女杉ともいい、根元でつながった2本でひとつの名前があてられ

河口浅間神社の参道に立ち並ぶ巨大なスギの並木。

ている。通称は「縁結びの杉」で、日本神話のイザナギ・イザナミの故事にちなみ、男性は右から、女性は左から杉の外側を回り、ふたりで杉の間を通り抜けて参拝すれば結ばれるといわれてきたが、現在はそのまわりに囲いがなされ、通り抜けできなくなっている。根元を傷つけないようにとの配慮からで、これは致し方あるまい。

「七本杉」の最奥に控えるのが「天壌（てんじょう）」（七）である。

案内板には「天壌とは天地（あめつち）の意」とあり「御柱杉（みはしらすぎ）」とも言う。天地と共に無窮無限の象徴とされている。天空に聳える姿、樹木崇拝を表徴する姿は、神霊が来臨する神座、神木である」とある。文字にすると仰々しいが、実際に拝すればまさに問答無用の説得力。「富士山麓にもうひとつのフジヤマがあった」というべきか。広い裾野からぐっとせり上がる〝富士の高嶺（たかね）〟さながらの樹相で、幹回り（地上1・5メートル）は8・1メートルとほかの神木とさほど変わらないものの、根回りは実に30メートルにもおよび、他を圧倒している。

「天壌」とは、『日本書紀』の天孫降臨の段でアマテラスがニニギに下した神勅、「宝祚（あまつひつぎ）の隆（さか）えまさむこと、当（まさ）に天壌（あめつち）と窮（きわま）り無（な）けむ」（天皇の位は、永遠に受け継がれ栄えること、天地が永遠につづくのと同じである）を典拠にしたものだろう。そんな壮大なイメージにたがわぬ〝不二（ふじ）の神木〟に、恐れ入るほかない。

当社は、貞観（じょうがん）6年（864）に起こった富士山の大噴火を受け、浅間大神（富士山の神）の次の託宣によって創建されたという。「この国に斎（いつ）き祭られるよう、国家の役人に祟りをなし、百姓らを病死させた……早く神社を定め、兼ねて神職を任用して、よろしく奉祭すべし」（『日本三代実録』より意訳）

だとすれば、この巨木群は、富士の神を祀る巨大な神殿の御柱だったのかもしれない。小人のような視点で境内を歩きながら、私はふとそう思った。

境内の「七本杉」のうち五、六の「父母（かぞいろ）」。いわゆる夫婦スギである。

(左ページ)巨大な根回りからせり上がるような“稜線”を見せる「天壌」。天と地を意味する名称である。(240ページ)「七本杉」のうち、手前より「神綿」、「齢鶴」、「産謝」。

奥の院入口の鳥居杉

横根の大杉権現（福井県越前市）

No.42

ウラスギの衝撃

前節でスギの定義として紹介した説明は、実は吉野杉に代表される太平洋沿岸や九州のスギであり、全国各地に植樹された一般的なスギの形容にすぎない。

その一方、ウラスギ、アシウ（芦生）スギ、あるいはハクサン（白山）スギやヘイセンジ（平泉寺）スギの名で呼ばれる日本海側に自生する一群のスギがある。

これら〝裏日本〟に自生するスギの巨木は、九州と東京周辺にしか住んだことのない自分にとって驚異の存在である。特徴としては、冬の豪雪に耐えるために枝を大きくたわませ、ときに地面に接してそこに根を下ろす（伏条性）。その一方で、豊富な雪解け水に支えられ、たくましくも荒々しく生長し、ときにその異形で〝オモテ〟の人間に衝撃を与えるのだ。

北陸のウラスギ巡礼をするにあたって、最初に訪れると決めていた木があった。

福井県越前市、JR武生駅から西へ、霊松山横根寺を目指す。本堂に一拝し、奥の院に向かって100メートルほど進むと、さっそく正面に2本の大杉が見える。

その特徴は何より、巨大なスギが天然の鳥居になっていることだ。

鳥居の脇などに立つ一対のスギはよく見られるが、片方から出た太枝が横に伸び、もう一方の幹と合体して門をなしている例はほかにあるまい。ご丁寧に、その笠木・島木にあたる横枝の中心には「大杦権現」の額が掲げられていた（杦は杉の異体字）。

養老元年（717）、泰澄大師が、霊松山横根寺を建立の折、お手植えの杉がこのように生長したといわれる。参拝者がこの下をくぐって山頂の本堂を目指したことから、「鳥居スギ」とも呼ばれている。

この夫婦杉の根元には不動尊が安置され、そこから「観音水」がこんこんと湧き出ている。この水は病気平癒や無病息災の効験があるとされており、霊水を汲みに来る人が後を絶たない。さらに夫婦杉の奥を1・5キロほど登ると、山頂には平成2年（1990）に焼失した奥の院があり、旧境内の広場には観音と仁王の立派な石像が再建されている。

ちなみに、権現とは、ホトケの仮（権）のあらわれを意味している。つまり、観音水の名は、横根寺の本尊（観音菩薩）が、杉の木に宿るカミ（権現）を通じて霊水を湧き出させたことを暗に示しているのだ。また、安置されている不動明王像は修験者の本尊であり、修験の行者がこの霊水に介在したことを思わせる。行者は霊水を加持（印を結び真言を唱えてホトケの加護を祈ること）し、大杉権現になりかわって人々に霊験をあらわしたのだろう。

一見すると別々の木がつながってひとつになった連理の杉のようだが、実はそうではなかった。大枝は横に伸びた誤りに気づいたかのように、一方のスギにぶつかる手前で軌道修正し、ふたたび垂直に天を目指している。

古来、参詣者は、そんな御神木の奇異なお姿を畏れかしこみつつ霊水をいただいて身を浄め、山頂の本堂を目指してきた。今も里の奥、山の入口にあたるこの場所に、早朝から地元の人が三々五々やってきている。

一方私は、この鳥居をくぐり、ここを出発点として、ウラスギの巨樹が鎮まる北陸の〝奥の院〟へと歩を進めたのである。

向かって左の木の裏に、「観音水」が湧き出している。境内参拝者の手水舎にして御神水として重用されている。

（左ページ）「横根の大スギ」。筆者としては、木の名称は額に記される「大杉権現」のほうを採りたい。鳥居のような形状で、観音菩薩の垂迹（すいじゃく）の神が宿る神木だからである。

「若宮八幡宮の大杉」（福井県勝山市）。中世、白山信仰の一大拠点だった白山平泉寺の旧境内の南端に、戦国時代の全山焼失にも耐えて生き残ったスギの一本がある。幹回り5・34メートルの数字以上の存在感である。根元には発掘された五輪塔の残骸が添えられている。

北陸のウラスギ

若宮八幡宮の大杉（福井県勝山市）、御仏供（おぶく）スギ（石川県白山市）、五十谷（ごじゅうだに）の大スギ（石川県白山市）

「大杉権現」（241ページ）を皮切りに、北陸の神木ウラスギを巡礼した。

ウラスギとは日本海側に分布する天然スギのことで、太平洋側に分布するオモテスギと対比的に用いられている呼称である。冬に低温多湿で降雪量が多い気候に適応した変異種といわれ、オモテスギに対して耐陰性（日陰でも耐えられる性質）が強く、下枝が枯れずに降雪で垂れ下がり、地面につくと発根する（伏条更新（ふくじょうこうしん））するのが特徴といわれる。生物学的にはオモテとウラの二元論を否定する向きもあるようだが、その樹相のちがいは、そこに住まう者たちの精神性と深いところで結びついているようにも思える。とはいえ容易に答えの出る問題ではないので、とりあえずは尋常ならざるお姿を拝見し、畏敬するのみである。

（左ページ上）「御仏供スギ」（石川県白山市）。根元近くから多数の大枝が分岐し、広大な樹冠を形成。大智（だいち）禅師が地に挿した杉の小枝を村人らが大切に守り、このように成長したという。
（左ページ下）「五十谷の大杉」（石川県白山市）。上掲の場所からクルマで20分ほど川沿いをさかのぼり、山間に入った廃村地区の神社境内に残されている。

No.43

天然紀念物

荒ぶる観音の権化

岩屋の大杉（福井県勝山市）

見る者を威圧する爆発的な樹勢

福井県勝山市に北郷町岩屋と呼ばれる地区がある。明治初年には戸数38戸、人口214人を数えたというが、昭和40年頃に廃集落となってしまった地区だ。

そんな地に立つ「岩屋の大杉」は、時折詣でにやってくる人間を威圧するかのようである。その巨大さはもとより、巌（いわお）のような幹から5本が分岐して天を指す爆発的な樹勢が何とも凄まじい。うち一本は、地面近くまで垂れ落ちながら見事に反り上がっている。

そのさまは、さながら、霊峰白山（はくさん）に出現し、勝山市を横断する川の名称にもなった九頭龍である。残念ながら〝首〟の数が足らないが、伝説では昔は12本あったといい、不心得者がそのうち6本を伐ったところ、白龍があらわれ、残りの6本（現在は5本）に巻き付いて伐るのを阻んだのだという。

伝説はともかく、「雲龍の化身として神視されていた」（昭和16年「勝山朝日新聞」）のは確かで、昭和42年に人の手が入ったときは白蛇が出現したという。

気になるのは、大杉のたもとに祀られ、今はトタン囲いがされている小祠だ。

案内板によれば「一寸八分観音」（5・4センチほどの金銅仏）が奉安されているという。「一寸八分観音」といえば、かの浅草寺の絶対秘仏がまったく同様のものといわれ、同寸の〝金仏（かなぼとけ）〟の伝説は各地に伝承されている。だとすれば、大杉の信仰の根拠となる〝お宝〟ではないかと想像さ

No.44

岩屋観音の境内。左に見える拝殿の奥に目的の木がある。
（左ページ）「岩屋の大杉」。幹回り17メートル、樹高33メートル。伝承では樹齢1200年とも。日本の神木スギのなかでも一、二を争う存在感である。

れるのだが、現状それを拝することもできず、由緒を伝える史料もないという。
なぜそこが気になるのかといえば、大杉のあるこの場が、「岩屋観音（岩屋神社）」と呼ばれる歴史的にも重要な聖地・霊場だったからだ。
岩屋観音は、伝説的カリスマ・泰澄がみずから刻んだ如意輪観音、十一面観音、聖観音を境内の巨岩の岩陰に安置したことにはじまるという。古くは霊巌寺の名で知られ、かつては白山への登拝路沿いに位置した霊場だったとも伝えられている。
「岩屋観音縁起」という史料には、こんな興味深いことが書かれている。
「……この霊場の評判が国司の耳にも届き、立派な本堂が建てられたが、とたんにお堂が傷みはじめ、風雨や豪雪にさらされ、観音像にはついにアリが群がるようになった。村人はたまらずアリを洗い除こうとすると、たちまち激しい落雷となり霰と雨にも見舞われた。
結果、この地は『土地狭く、山高くして石尖り、洞穴は深い地下の泉に通し、谷は深く、林は暗く、道は険しくイバラをなし、軽装では歩くこともままならない』ままとなったが、観音の利益は無量で、『この邑で難産にて死亡する婦人古今一人もなく、疱瘡にて死亡する小児古今一人もなく、また雷落ちて物を破損する事もなし』であるという」（以上、筆者意訳）。
実際、巨木と巨岩が織りなす境内には、観音堂やこの大杉のほか、飯盛杉、夫婦岩、御神木奉霊岩、くぐり堂（胎内くぐり）などと呼ばれる特異な自然物が点在している。ここは、ありのままの険しい自然のなかで神仏と一体となる修行道場だったのである。
そんななかにある「岩屋の大杉」だが、別名を「子持ち杉」という。この杉皮を煎じて飲めば母乳がよく出るともいわれており、木の根元付近には、明らかに樹皮が削られた跡がある。
人間の手が入るのをかたくなに拒み、自然の荒々しさを誇示する一方、慈悲のご利益も欠かさない——この大杉は、すなわち岩屋観音の権化だったのかもしれない。

「大杉」の根元を見ると、石地蔵などが祀られ、樹皮を削ったような跡があり、今も「大杉」の信仰がつづいていることを物語っている。

あとがき

この国にはたくさんの「ヌシ」がいる。

それが書き終わった現時点での率直な感想である。ふっと出てきた言葉だが、どう考えてもこれ以上の言葉が出てこない。

もっともらしく言えば、「ヌシ」に木偏をつければ、「柱」となる。それは一柱、二柱と神霊を数える単位となり、それに「御」の尊称を冠すれば、「御柱（みはしら）」となる。そこから『古事記』イザナギ・イザナミ神話の天御柱（あめのみはしら）や、伊勢神宮や出雲大社の中心軸となる心御柱（しんのみはしら）というキーワードが立ち上がってくる。

立ち上がるといえば、長野・諏訪大社の御柱（おんばしら）である。7年目ごとに行われる御柱祭では、伐り出しからクライマックスの建御柱（たておんばしら）まで、あの巨木はすべて人力で曳（ひ）かれる。のみならず、われもわれもと巨木にまたがって急崖を下り、川を渡る。見ている側は相当な無茶をするものだと思うが、彼らはしかるべき巨樹との濃厚接触を経て神の子となる喜びを実感し、結果、一本の森の木は御柱になるのだ。

御神木と呼ばれる木も、人との関わりなしに存在しない。

神木の多くが社寺の境内にあることは本書でも繰り返し述べたが、仮に森のなかに紛れて立つ巨樹があっても、いつしか人がそれを発見し、祀りはじめてしまう。そこにナニモノかを感じ、結縁しようと企てるのだ。どうしてもそういう発想をしてしまうのがわれわれの民族の性であるようだ。

いうまでもないが、神木といっても、木そのものが神なのではない。木に宿ったナニモノかを見出すことで木は神木と呼ばれる。したがって冒頭の文脈に戻れば、そのナニモノかはやはり、尊称も木偏も外した「主（ヌシ）」に帰結するのだ。

＊

一本の木にナニモノかを見出すのは、われわれにとって特殊な感性ではない。
私の場合、木の全体像を捉えようとカメラをローアングルに構えたとき、諸手をあげた巨人に威圧されたかのように恐縮することがしばしばだった。また、ケヤキの巨樹や落葉したイチョウは見れば見るほど妖怪のごとき容貌に見え、スダジイは身をよじらせて何ごとかを訴えてくる怪物のように思えた。
「○○のように見える」とは、人の認識作用としてはごく普通の反応かもしれないが、ときに分析的な思考を超えて「はっ」とさせられることもあった。
たとえば、「府馬の大クス（スダジイ）」（188ページ）。全身に苔をはじめさまざまな植物をまとい、無数のヤドリギを背負う姿に、何ともいえない感情が込み上げてきた。「西平の大カヤ」（209ページ）の黄金色に鈍く輝く雄大な容姿には、精霊に包み込まれたような至福感を覚えた。
もちろん一方では、未知のフォースに気圧されたように言葉を失い、立ちすくむことも多かったのだが、神木のもつナニモノかは、単なる神威や霊威といった「ちから」のみならず、われわれの世界が有する慈悲や智慧のはたらきを体現してくれているように思えてならないのだ。
そしてそれらは、われわれの内なる「霊性」と響きあっている。
霊性とは何かと問われれば答えに窮するが、仮に「宇宙の中のいのちの自覚」（鎌田東二）という解釈を用いれば、われわれは神木と呼ばれる木に、生きとし生けるものの境涯を見、生命を生かすはたらきを見、潜在する「ちから」を見、過去（先祖）と未来（子孫）をつなぐ証を見ている。
そして、カミもホトケもその内に見ている。

＊

そのような存在がこの国にはたくさん残されている。それはとても素敵なことだと思う。

とはいえ、私が見てきたのは、それらのほんの一部だ。まだまだ拝すべき神木は残っている。世間には巨樹の愛好家はたくさんおられ、もっとすごいのがあると方々（ほうぼう）から突っ込まれそうだが、そういうご指摘・ご提言があればありがたく頂戴したい。

巨樹の本はさまざま出版されているが、それらを神木という視点で語る本はなかったと思う。樹木を語る本としてはやや偏った内容になったと思うが、一方で植物の生態そのものに関しては素人なので、誤りもあるかもしれない。こちらもぜひ詳しい方にご教授願いたいと思っている。

未練がましく何かを書き記そうとして、あとがきらしいことを書く紙幅がなくなった。本来は取材にご協力いただいた方々への謝辞を述べなければいけないところだが、ひとつひとつ挙げていけばきりがないほど、さまざまな人々、関係機関にお世話になった。非礼をお詫びしつつ、皆さんに心より感謝を申しあげます。

最後に、このような風変わりな書籍の出版を快諾いただき、粘り強く付き合っていただいた駒草出版と担当の杉山茂勲さんに厚く御礼を申し上げます。

本田不二雄

都道府県別掲載リスト

青森県

茨城県

埼玉県

千葉県

東京都

神奈川県

新潟県

石川県

福井県

山梨県

静岡県

來宮神社の大クス	静岡県熱海市西山町43-1	P217
葛見神社の大クス	静岡県伊東市馬場町1-16-40	P222

滋賀県

八幡神社のケヤキ(野大神)	滋賀県長浜市高月町柏原739	P121
三本杉(多賀大社神木)	滋賀県犬上郡多賀町杉	P156
保月の地蔵杉	滋賀県犬上郡多賀町保月	P160

大阪府

野間の大ケヤキ	大阪府豊能郡能勢町野間稲地266	P114
住吉大社の千年楠	大阪府大阪市住吉区住吉2-9-89	P141
薫蓋樟	大阪府門真市三ツ島1374	P143
葛葉稲荷のクス	大阪府和泉市葛の葉町1-11-47	P147
玉祖神社のくす	大阪府八尾市神立5-5-93	P151

島根県

岩倉の乳房杉	島根県隠岐郡隠岐の島町布施	P167
大山神社の神木	島根県隠岐郡隠岐の島町布施	P171
かぶら杉	島根県隠岐郡隠岐の島町中村	P174
玉若酢命神社の八百杉	島根県隠岐郡隠岐の島町下西	P177
志多備神社のスダジイ	島根県松江市八雲町西岩坂1589	P231

香川県

生木の地蔵クス	香川県観音寺市大野原町大野原2288	P28

福岡県

宇美八幡宮のクス	福岡県糟屋郡宇美町宇美1-1-1	P9

佐賀県

川古の大楠	佐賀県武雄市若木町川古7843	P12

熊本県

大分県

宮崎県

鹿児島県

[著者]

本田不二雄(ほんだ・ふじお)

1963年熊本県生まれ。ノンフィクションライター、編集者。おもに一般向け宗教書シリーズの編集制作・執筆に長く携わる。著書に『ミステリーな仏像』(駒草出版)、『噂の神社めぐり』(学研プラス)、『今を生きるための密教』(天夢人)、『神社ご利益大全』(KADOKAWA)、『弘法大師空海読本』(原書房)などがあるほか、『週刊神社紀行』シリーズなど共著多数。

神木探偵(しんぼくたんてい) 神宿る木の秘密

2020年4月13日 初版第1刷発行

著 者 本田不二雄
発行者 井上弘治
発行所 駒草出版 株式会社ダンク出版事業部
〒110-0016 東京都台東区台東1-7-1邦洋秋葉原ビル2階
https://www.komakusa-pub.jp
電話 03-3834-9087
印刷・製本 シナノ印刷株式会社

撮影 本田不二雄
PIXTA(P49,155,167)
photolibrary(P41,47,119,166)
カバー&本文デザイン・DTP オフィスアント
編集 杉山茂勲(駒草出版)

ISBN 978-4-909646-29-3